目录

序 致 第 一

原文

> 夫圣贤之书，教人诚孝①，慎言检迹②，立身扬名，亦已备③矣。魏、晋已来，所著诸子④，理重事复，递相模效⑤，犹屋下架屋，床上施床耳。吾今所以复为此者，非敢轨物范世也，业以整齐门内，提撕⑥子孙。夫同言而信，信其所亲；同命而行，行其所服。禁童子之暴谑⑦，则师友之诚，不如傅婢⑧之指挥；止凡人之斗阋⑨，则尧舜之道，不如寡妻⑩之诲谕。吾望此书为汝曹之所信，犹贤于傅婢寡妻耳。

注释

①诚孝：忠孝。

②检迹：行为检点，不放纵。

③备：完备，完善。

④诸子：本指先秦诸子。这里指魏晋以来的人阐述儒家学说的著述。

⑤递：交替。模：模拟，效仿。

⑥提撕：教导，教引。

⑦暴谑（xuè）：过分的玩耍、打闹。谑：开玩笑、戏谑。

⑧傅婢：侍婢。

⑨斗阋（xì）：家庭内兄弟之间的争执。阋：争吵。

⑩寡妻：正妻。

译文

　　古代圣贤们的著述，主要是教人行忠孝，至于言语谨慎、行为庄重、立身扬名等道理，也说得很周全。魏、晋以来，阐述古代圣贤思想的书，道理重复，内容雷同，前后模仿，好比屋里再建屋子，床上再放床一样。现在我又来写这一类书，不敢以它作为世人行为的规范，只不过是为了整顿自家门风、警醒后辈儿孙罢了。同样一句话，有的人就信服，是因为说话者是他们所亲近的人；同样一个吩咐，有的人就照办，是因为作出吩咐者是他们所敬服的人。要杜绝孩子的过分淘气，师友的劝诫，还不如婢女的指挥命令；要制止兄弟间的内讧，尧、舜的教导，还不如他们自家妻子的诱导规劝。我希望这本书能被你们信服，不过是希望它能胜过婢女对孩童、妻子对丈夫所起的作用而已。

原文

吾家风教，素为整密。昔在龆龀①，便蒙诱海；每从两兄，晓夕温清②，规行矩步，安辞定色，锵锵翼翼③，若朝严君焉。赐以优言，问所好尚，励短引长，莫不恳笃。年始九岁，便丁荼蓼④，家涂离散，百口索然⑤。慈兄鞠养，苦辛备至；有仁无威，导示不切。虽读《礼》《传》，微爱属文⑥，颇为凡人之所陶染，肆欲轻言，不修边幅。年十八九，少知砥砺⑦，习若自然，卒难洗荡。二十已后，大过稀焉；每常心共口敌，性与情竞⑧，夜觉晓非，今悔昨失，自怜无教，以至于斯。追思平昔之指，铭肌镂骨，非徒古书之诫，经目过耳也。故留此二十篇，以为汝曹后车耳。

注释

①龆龀（tiáo chèn）：儿童垂髫换齿的时候，指小时候。

②晓夕温清：早晚依照礼节侍奉父母。温：暖被子，使被窝温暖。清：用扇子把席子扇凉。

③锵锵翼翼：行走时恭敬有礼。锵锵：大方得体的样子。翼翼：行为恭敬的样子。

④丁荼蓼（tú liǎo）：处境艰苦，这里指丧父之痛。丁：遭受、遭遇。古代遭父母之丧称"丁忧"。荼蓼：本指苦菜、野菜，这里指处境艰苦。

⑤百口：全家。索然：萧索，冷落。

⑥属（zhǔ）文：写文章。

⑦少：同"稍"。砥砺：磨炼。

⑧竞：争相，争着。这里指相悖、相反，有冲突。

译文

我家的门风家教，一向是严整缜密的。还在小的时候，我就时时得到指导教海；学着我两位兄长的样儿，早晚侍奉双亲，一举一动都照规矩办事，神色安详，言语平和，走路小心恭敬，就同在给父母大人请安时一样。长辈常传授我佳言锦句，关心我的喜好，勉励我扬长避短，没有一样不是恳切深厚的。我刚满九岁时，父亲便去世了，家道中衰，人丁冷落。慈爱的兄长来尽抚育之责，其困苦辛劳达到极点；但他仁爱而无威严，对我的督导就不够严厉。我虽然读了《周礼》《左传》，也有点喜欢写文章，但与一般平庸之人

相交而受其熏染，放纵私欲，信口开河，又不注重着容貌的整洁。到十八九岁时，渐渐懂得要磨炼品性了，但习惯成自然，最终还是难以彻底改掉不良习惯。二十岁以后，大的过失很少犯了，常常是在信口开河时，心里就警觉起来而加以控制，理智与感情往往处于矛盾状态，夜晚觉察到白天的错误，今日迫悔昨日的过失，自己意识到小时候没有得到好的教育，因此才到这种地步。追想平素所立的志向，真是铭心刻骨，绝不仅仅是把古书上的告诫听一遍看一遍就能体会到的。所以，我留下这二十篇《家训》，以此作为你辈的后车之鉴。

典故品读

纪昌学射

甘蝇是古时候有名的神箭手，他把弓一拉开，野兽就倒在了地上，飞鸟就掉了下来。徒弟飞卫跟着甘蝇学射箭，本领更超过了他的老师。有个叫纪昌的又跟飞卫学射箭。飞卫对他说："你要先练习不眨眼睛，然后才可以谈射箭。"

纪昌回到家里，仰面躺在妻子的织布机底下，张大眼睛，死盯着一上一下的脚踏板。两年之后，即便是锥子的尖头刺到他眼眶里，他的眼睛也一眨不眨了。纪昌把自己练功的经过告诉了飞卫。

飞卫说："功夫还没到家，必须锻炼视力才行。达到能把小的东西看得大，把模糊的东西看得非常清楚，然后再告诉我。"

纪昌回去用牦牛毛系上一只虱子悬挂在窗户上，面朝南，目不转睛地盯着它。十天之间，看见虱子渐渐变大了。三年之后，看那虱子竟有车轮那么大。这时再看其他比虱

子大的东西，都好像山丘。于是就用燕国牛角造的弓，北方蓬梗做的箭，去射那虱子，不偏不倚正穿过虱子的心脏，而悬挂虱子的牛毛并没有射断。他把这情况告诉了飞卫。飞卫高兴得跳起来，拍着胸膛说："你把射箭的门道真正掌握了！"

掘地见母

春秋时期，郑国大夫颍考叔正在郑国边邑颍谷做管理疆界的官，听到郑庄公将自己的母亲移居别处，而且发誓不到黄泉不相见的消息之后，就去拜见郑庄公，想劝他同母亲重归于好。

颍考叔带着礼物去见郑庄公，庄公留他吃饭。吃饭时颍考叔故意把肉放在一旁。庄公感到十分奇怪，便问他为什么不吃肉。颍考叔回答说："小人家中有老母亲，以前凡是我吃的食物我都让母亲尝尝，她老人家还没有尝过君王赐给的肉羹呢，请您同意我把肉羹带给她吃。"庄公感慨地说："你有母亲孝敬，偏偏我没有！"颍考叔故作不解地问："小人冒昧问一句，您这句话是什么意思呢？"庄公说，自己的母亲武姜支持弟弟共叔段叛乱，他已立下誓言，不到黄泉不同母亲相见，想起这件事，自己心里就觉得非常后悔。颍考叔说："君王何必过虑！如果掘地见水，在地道中相认，谁能说这样做不是'黄泉相见'呢？"于是庄公采纳了颍考叔的意见，派人开通地道，掘地见水。庄公走进地道时吟诗说："隧道之中，愉快呀！"姜氏走出地道也吟诗说："隧道之外，舒畅呀！"从此之后，庄公与母亲又和好如初了。

教子第二

原文

上智不教而成，下愚虽教无益，中庸之人①，不教不知也。古者，圣王有胎教之法：怀子三月，出居别宫，目不邪视，耳不妄听，音声滋味，以礼节之。书之玉版，藏诸金匮②。生子咳提③，师保④固明，孝仁礼义，导习之矣。

凡庶⑤纵不能尔，当及婴稚，识人颜色，知人喜怒，便加教诲，使为则为，使止则止。比及数岁，可省笞⑥罚。父母威严而有慈，则子女畏慎而生孝矣。吾见世间，无教而有爱，每不能然；饮食运为⑦，恣其所欲，宜诫翻奖，应呵反笑，至有识知，谓法当尔。骄慢已习，方复制之，捶挞至死而无威，忿怒日隆而增怨，逮于成长，终为败德。孔子云"少成若天性，习惯如自然"是也。俗谚曰："教妇初来，教儿婴孩。"诚哉斯语！

注释

①中庸之人：这里指智力平常的人。

②金匮（guì）：金属制作的书柜。

③咳提：幼年，孩提。

④师保：古代担任教导皇室贵族子弟的官，有师有保，统称师保。

⑤凡庶：普通人。

⑥笞（chī）：用竹条、鞭子打。

⑦运为：行为。

译文

　　智力超群的人，不用教育就可成材；智力迟钝的人，虽然教育但没有用处；智力中等的人，不教育就不会明白事理。古时候，圣王有所谓胎教的方法：王后怀太子到三个月时，就要住到专门的房间，不该看的不看，不该听的不听，音乐、饮食，都照礼节制。这种胎教的方法，都写在玉版上，藏在金柜里。太子两三岁时，教育他的老师就确定好了，开始对他进行孝、仁、礼、义的教育训练。

　　普通人纵然不能如此，也应当在孩子知道辨认大人的脸色、明白大人的喜怒时，开始加以教诲，叫他去做他就去做，叫他不做他就不做。这样，等他长大时，就可不必打竹板处罚了。当父母的平时威严而且慈爱，子女就会敬畏谨慎，从而产生孝心。我看这人世上，父母不知教育而只是溺爱子女的，往往不能这样；他们对子女的吃喝玩乐，任意放纵，本应告诫的，反而奖励，本应呵责，反而面露笑容，等到子女懂事，还以为按道理本当如此。骄横傲慢的习气已经养成了，才去制止它，就是把子女鞭抽棍打至死，也树立不起威信，火气一天天增加，招致子女的怨恨，等到子女长大成人，终究是道德败坏。孔子说"少成若天性，习惯如自然"，就是这个道理。俗话又说："教媳妇趁新到，教儿子要赶早。"这话一点不假啊！

原文

　　凡人不能教子女者，亦非欲陷其罪恶；但重于诃怒，伤其颜色①，不忍楚挞②惨其肌肤耳。当以疾病为谕，安得不用汤药针艾救之哉？又宜思勤督训者，可愿苛虐于骨肉乎？诚不得已也。

注释

①但：只，仅仅。重：难，不愿意。颜色：脸色，神色。

②楚挞（tà）：这里指用刑杖打人。楚：荆条，古时用作刑杖。

译文

一般人不教育子女，并不是想让子女去犯罪，只是不愿看到子女受责骂而脸色沮丧，不忍子女被荆条抽打皮肉受苦罢了。这应该用治病来打比方，子女生了病，父母哪里能不用汤药针艾去救治他们呢？也应该想一想那些勤于督促训导子女的父母，他们难道愿意虐待自己的亲骨肉吗？确实是不得已啊。

原文

> 王大司马①母魏夫人，性甚严正。王在溢城②时，为三千人将，年逾四十，少不如意，犹捶挞之，故能成其勋业。梁元帝③时，有一学士，聪敏有才，为父所宠，失于教义。一言之是，遍于行路④，终年誉之；一行之非，掩藏文饰，冀其自改。年登婚宦⑤，暴慢日滋，竟以言语不择，为周逖抽肠衅鼓⑥云。

注释

①王大司马：南北朝时期梁朝著名将领王僧辩。

②溢（pén）城：溢水汇入长江的地方，即现在的江西九江。

③梁元帝：即萧绎，梁武帝萧衍之子，梁简文帝萧纲之弟，梁朝的第三位皇帝。

④行路：路人。

⑤婚宦：结婚和做官，这里指成年。

⑥衅鼓：祭鼓。

译文

大司马王僧辩的母亲魏老夫人，品性非常严谨方正。王僧辩在溢城时，是三千士卒的统领，年纪也过四十了，但稍微不称意，老夫人还用棍棒教训他。因此，王僧辩才能成就功业。梁元帝的时候，有一位学士，聪明有才气，从小被父亲宠爱，疏于管教。他若一句话说得漂亮，当爹的巴不得过往行人都晓得，一年到头都挂在嘴上；他若一件事有闪失，当爹的为他百般遮掩粉饰，希望他悄悄改掉。学士成年以后，凶暴傲慢的习气一天赛过一天，终究因为说话不检点，被周逖杀掉，肠子被抽出，血被拿去涂抹战鼓。

原文

父子之严，不可以狎①；骨肉之爱，不可以简。简则慈孝不接，狎则怠慢生焉。由命士以上，父子异宫，此不狎之道也；抑搔痒痛，悬衾箧枕②，此不简之教也。或问曰："陈亢③喜闻君子之远其子，何谓也？"

对曰："有是也。盖君子之不亲教其子也。《诗》有讽刺之辞，《礼》有嫌疑之诫，《书》有悖乱之事，《春秋》有邪僻之讥，《易》有备物之象。皆非父子之可通言④，故不亲授耳。"

注释

①狎（xiá）：亲近而不庄重。
②悬衾箧（qiè）枕：把被子捆好悬挂起来，把枕头放进箱子里。
③陈亢：春秋末年陈国人，字亢，孔子的学生。
④通言：互相谈论。

译文

父子之间应该保持严肃，不该对孩子过分亲昵；至亲之间虽然相爱，不应该不拘礼节。不拘礼节就不能做到父慈子孝；过分亲昵，放肆不敬之心就会产生。从有身份的读书人往上数，父子是分室居住的，这就是不过分亲昵的办法；当晚辈的给长辈抓搔，收拾卧具，这就是讲究礼节的道理。有人要问："陈亢很高兴听到君子与自己的孩子保持距离的事，这是什么原因呀？"

我回答说："不错啊，大约君子是不亲自教授自己孩子的。因为《诗经》里面有讽刺君主的诗句，《礼记》里面有自避嫌疑的告诫，《尚书》里面有悖礼作乱的记载，《春秋》里面有对淫乱行为的指责，《易经》里面有备物致用的卦象。这些都不是当父亲的可以向孩子直接讲述的，所以君子不亲自教授自己的孩子。"

原文

齐武成帝子琅邪王①，太子母弟也，生而聪慧，帝及后并笃爱之，衣服饮食，与东宫相准②。帝每面称之曰："此黠③儿也，当有所成。"及太子即位，王居别宫，礼数优僭，不与诸王等；太后犹谓不足，常以为言。年十许岁，骄恣无节，器服玩好，必拟乘舆④；尝朝南殿，见典御进新冰，钩盾献早李⑤，还索不得，遂大怒，詬⑥曰："至尊已有，我何意无？"不知分齐⑦，率皆如此。识者多有叔段、州吁之讥。后嫌宰相，遂矫诏⑧斩之，又惧有救，乃勒麾下军士，防守殿门；既无反心，受劳而罢，后竟坐此幽薨⑨。

注释

①琅邪王：武成帝子琅邪王高俨，北齐宗室大臣，武成帝高湛第三子，后主高纬同母弟。

②东宫：太子所居之处，也代指太子。准：比照。

③黠：聪明，机灵。

④乘舆：皇帝的车子，后代指皇帝。

⑤典御：官署名，主管皇家饮食。钩盾：官署名，主管皇家园林等事项。

⑥詢：通"诟"，骂。

⑦分齐：分寸，限度。分：分开、划分。齐：达到、平等。

⑧矫诏：假托或假传的皇帝诏书。矫：诈称、假托。

⑨薨（hōng）：周代诸侯死之称。后泛用于称有封爵的高官去世。

译文

　　齐武成帝的三儿子琅邪王高俨，是太子高纬的同母弟，他天生很聪慧，武成帝和皇后都非常喜欢他，吃的穿的，与太子一样。武成帝经常当面称赞他说："这可是个机灵孩子啊，今后会有所成就。"等到太子即位，琅邪王搬到北宫去住，太后给予他的礼遇过于优厚，与他的兄弟们都不一样；即使这样，太后还说优待不够，常挂在嘴上。琅邪王十岁左右时，骄横放肆得没有节制，穿的用的，一律要与当皇帝的哥哥相比。一次，他到南殿朝拜，正碰上典御官、钩盾令向皇上进献刚从地窖里取出的冰块及早熟的李子，就派人去索取，没有得到，就大发脾气，骂道："皇上都有的东西，我凭什么就没份？"不懂得谨守为臣的本分，他的行为大抵都是如此。有识之士多指责说这是古代叔段、州吁的再现。往后，琅邪王讨厌宰相，就假传圣旨将他杀了，又担心有人来救，竟命令手下军士把守殿门。其实琅邪王也没有反心，受安抚后就撤了兵，但后来终究为此事被朝廷秘密处死。

原文

人之爱子，罕亦能均；自古及今，此弊多矣。贤俊者自可赏爱，顽鲁者亦当矜怜，有偏宠者，虽欲以厚之，更所以祸之。共叔之死，母实为之。赵王①之戮，父实使之。刘表之倾宗覆族，袁绍之地裂兵亡，可为灵龟明鉴②也。

注释

①赵王：即赵隐王刘如意，汉高祖刘邦与戚姬所生之子，汉高祖几度想立如意为太子。汉惠帝元年（公元前194年），吕后派人毒死刘如意。

②灵龟明鉴：古人以龟壳占卜，以铜镜照形，故以此二物比喻可资借鉴的事物。

译文

父母都爱自己的孩子，但能做到公平相待的却寥寥无几。从古至今，因偏爱而酿成的种种弊病可谓是数不胜数。聪明漂亮的孩子固然值得赏识和疼爱，顽皮愚笨的孩子也不能被忽视，也应该得到关心和怜爱。那些偏心的父母，原本是想对某个孩子好，但结果反而会给他带来灾祸。母亲的溺爱造成了共叔段的死，父亲的偏爱使赵王刘如意被害。同样，宗族倾覆的刘表，兵败地失的袁绍，都可作为典型事例，供后人借鉴。

原文

齐朝有一士大夫，尝谓吾曰："我有一儿，年已十七，颇晓书疏①，教其鲜卑语及弹琵琶，稍欲通解，以此伏②事公卿，无不宠爱，亦要事也。"

吾时俛③而不答。异哉，此人之教子也！

若由此业，自致卿相，亦不愿汝曹为之。

注释

①书疏：奏疏、信札等的书写工作。

②伏：通"服"，服侍。

③俛（fǔ）：通"俯"，低头的样子。

译文

北齐有一位士大夫，曾经对我说："我的一个儿子，已经十七岁了，通晓各种公文的书写。我教他讲鲜卑语、弹奏琵琶，他渐渐地也快掌握了，用这些特长去为王公们效劳，一定会被重用的，这也是很重要的事情啊。"

颜氏家训

我当时低着头没有回应他。真是太奇怪了，这个人居然用这样的方式来教育自己的孩子！

如果用这种办法当跳板，即使能当上宰相，我也不愿让你们这样做。

典故品读

曾子杀猪教子

曾参是孔子最有名的弟子之一，他著《大学》，作《孝经》，发扬了孔子学说。在当时也是一个大名鼎鼎的人。由于自身受过严格的教育，所以他对下一代也非常重视。一次，曾参的妻子因为有点儿事要出门去，被他的孩子知道了，于是孩子也要跟他母亲一起去。曾参的妻子不愿带孩子去，便哄她的孩子说："你如果乖乖地在家，等我回来后把家里的那头猪杀给你吃。"孩子听了这话，便听话留在家里。

过了一会儿，曾参的妻子从外面回来了，一推开门，看见曾子正和孩子正在打算杀掉那头小猪。他的妻子很生气，就把孩子推开一边，对曾子说："我刚才的话不过是哄哄孩子，你怎么信以为真了呢？"曾参却认真地说："跟孩子开玩笑要看情况，不能随便许诺。孩子觉得大人的话都是真的，所以他才听父母的话。孩子见到父母的举动，先是模仿，再运用到自己的现实生活中去，现在你欺骗了他，其实就是教孩子下次学会欺骗你，这种教育方式是不对的。"他的妻子听后哑口无言，就让曾参把猪杀了。

六尺巷

清朝时，在安徽省桐城有一名门望族，父子两代人共辅佐了三代皇帝。他们父子俩同为宰相，权势显赫，长达五十多年。这父子二人就是张英和张廷玉。康熙年间，张英官居文华殿大学士兼礼部尚书。他老家桐城的亲人建房造屋时与邻居吴姓人家因地皮发生争执，险些动武。这天，张英收到老家来的一封信，说是家里翻盖新房的时候，因为

地基边界的问题与邻居起了争执，想让张英帮忙解决。张英想了一下，提笔写了一封回信："千里修书只为墙，让他三尺又何妨。万里长城今犹在，不见当年秦始皇。"

家人看了信，就按照张英的意思，来到邻居家，说："明天我们就会把盖好的墙拆掉，会向后退三尺。"

邻居以为他们是在戏弄自己，根本没相信。张英的家人把信递给邻居看，邻居看后十分感动，他们看到张英不但没有仗势欺人，反而主动退三尺，连忙说："真是宰相肚里能撑船。张宰相真是好肚量。"

第二天一早，张家就开始动手拆墙了，他们真的如约退后了三尺。邻居看到后心里有些激动，也有些惭愧。于是也将自己家的墙拆掉，向后退了三尺。就这样，在他们两家之间形成了一条百米长、六尺宽的巷子。后来被人们称为"六尺巷"。

兄 弟 第 三

原文

　　夫有人民而后有夫妇，有夫妇而后有父子，有父子而后有兄弟：一家之亲，此三而已矣。自兹以往，至于九族①，皆本于三亲焉，故于人伦为重者也，不可不笃。兄弟者，分形连气②之人也。方其幼也，父母左提右挈，前襟后裾，食则同案，衣则传服③，学则连业④，游则共方，虽有悖乱之人，不能不相爱也。及其壮也，各妻其妻，各子其子，虽有笃厚之人，不能不少衰也。娣姒⑤之比兄弟，则疏薄矣；今使疏薄之人，而节量⑥亲厚之恩，犹方底而圆盖，必不合⑦矣。惟友悌⑧深至，不为旁人之所移者，免夫！

注释

①九族：指本身及以上的父、祖、曾祖、高祖和以下的子、孙、曾孙、玄孙。也以父族四、母族三、妻族二为"九族"。

②分形连气：指兄弟同为父母所生，气息相同相连。

③传服：指大孩子用过的衣服留给小孩子穿。

④连业：哥哥用过的书本，弟弟又接着使用。业：旧时书写经典的大版，引申为书本。

⑤娣姒（dì sì）：兄弟之妻互称，即"妯娌"。

⑥节量：节制度量。

⑦合：契合，吻合。

⑧友：兄弟相亲。悌：敬爱兄长。

译文

　　有了人类然后才有夫妇，有了夫妇然后才有父子，有了父子然后才有兄弟：一个家庭中的亲人，就这三者而已。由此类推，直到产生出九族，都是来源于"三亲"，所以对于人伦关系来说，三亲是最为重要的，不可不加以重视。兄弟，是一母所生，外表不同，而气息相通的人。他们小的时候，父母左手拉一个，右手牵一个；这个扯着父母的前襟，那个抓住父母的后摆；吃饭是用一个案盘；穿衣是哥哥传给弟弟；学习是弟弟用哥哥的课本；游玩是在同一个地方。虽然有悖礼胡来的人，兄弟间却不会不互相爱护。等到他们长大成人，各自娶了妻子，各自有了孩子，虽然有忠诚厚道的人，兄弟间的感情却是渐渐减弱。妯娌比起兄弟来，关系就更加疏远淡薄了。现在让关系疏远淡薄者来决定关系亲密者之间的关系，这就好比给方形的底座配上圆形的盖子，一定是合不拢的。只有相亲相爱、感情至深、不会受别人影响而改变的兄弟，才可避免上述情况。

原文

　　二亲既殁[①]，兄弟相顾，当如形之与影，声之与响；爱先人之遗体[②]，惜己身之分气[③]，非兄弟何念哉？兄弟之际，异于他人，望深则易怨，地亲则易弭[④]。譬犹居室，一穴则塞之，一隙则涂之，则无颓毁之虑；如雀鼠之不恤[⑤]，风雨之不防，壁陷楹[⑥]沦，无可救矣。仆妾之为雀鼠，妻子之为风雨，甚哉！

注释

①殁（mò）：死。

②先人之遗体：指兄弟躯体，因为兄弟都是从父母身上分离出来的。先人：指已死亡的父母。

③分气：分得父母的血气，指兄弟。

④地亲则易弭：指解除隔阂，停止纠纷。地：这里指相处。亲：亲近。弭：消除。

⑤恤：忧虑。

⑥楹：厅堂前部的柱子。

译文

父母死后，兄弟间互相照顾，应当像身体与它的影子、音响与它的回声一样密切。互相爱护先辈所给予的躯体，互相珍惜从父母那儿分得的血气，不是兄弟谁会这样互相爱怜呢？兄弟之间的关系与别人不同，相互期望过高就容易产生不满，但又因为关系密切，不满也容易消除。就比如一间居室，有一个洞就立刻堵上，有一条缝隙就马上涂盖，就不会有倒塌的忧虑了。如果对鸟雀、老鼠的危害不放在心上，对风雨的侵蚀不加提防，就会墙壁倒塌，楹柱摧折，没法补救了。仆妾比起鸟雀、老鼠，妻子比起风雨，危害更加厉害！

原文

兄弟不睦，则子侄不爱；子侄不爱，则群从①疏薄；群从疏薄，则僮仆为仇敌矣。如此，则行路皆踏其面而蹈其心②，谁救之哉？人或交天下之士，皆有欢爱，而失敬于兄者，何其能多而不能少也！人或将数万之师，得其死力，而失恩于弟者，何其能疏而不能亲也！

注释

①群从：同辈的族中子弟。

②踏（jī）：践踏。蹈：踏，踩。

译文

兄弟之间不和睦，侄子辈之间就不会互相爱护；侄子辈之间不互相爱护，家族中的子弟后辈们就会关系疏薄；子弟后辈们关系疏薄，那僮仆之间就会成为仇敌。这样，过往路人都可以随意欺辱他们，谁能够救助他们呢？有的人能够结交天下之士，相互之间都快乐友爱，而对自己的哥哥却缺乏敬意，为什么对多数人可以做到的，对少数人却不行呢？有人统领几万军队，能使部属以死效力，而对自己的弟弟却缺乏友爱，为什么对关系疏远的人能做到的，对关系亲密的人却不行呢？

> 娣姒者，多争之地也，使骨肉居之，亦不若各归四海，感霜露而相思，伫日月之相望也。况以行路之人，处多争之地，能无间者，鲜矣。所以然者，以其当公务①而执私情，处重责而怀薄义也；若能恕己而行，换子而抚②，则此患不生矣。

注释

①公务：此指大家庭内部的集体事务。
②换子而抚：互相交换孩子抚养。这里指把兄弟的子女当成自己的子女。

译文

娣姒之间容易产生纠纷，就好比是非之地，即使是同胞姊妹，让她们成为娣姒住在一起，也不如让她们远嫁各地，这样，她们反而会因感受霜露的降临而互相思念，仰观日月的运行而遥相盼望。何况娣姒本是不相识的人，处在容易闹纠纷的环境里，互相之间能够不产生嫌隙的，就太少了。之所以会这样，是因为大家处理家庭中的集体事务时各怀私心，肩负重大的家庭责任却计较个人恩怨。如果她们能够本着仁爱之心行事，把别人的孩子当成自己的孩子加以爱抚，则这种弊端就不会产生了。

原文

> 人之事兄，不可同于事父，何怨爱弟不及爱子乎？是反照而不明也。沛国刘琎，尝与兄瓛连栋隔壁。瓛呼之数声不应，良久方答；瓛怪问之，乃曰："向来①未着衣帽故也。"以此事②兄，可以免矣。

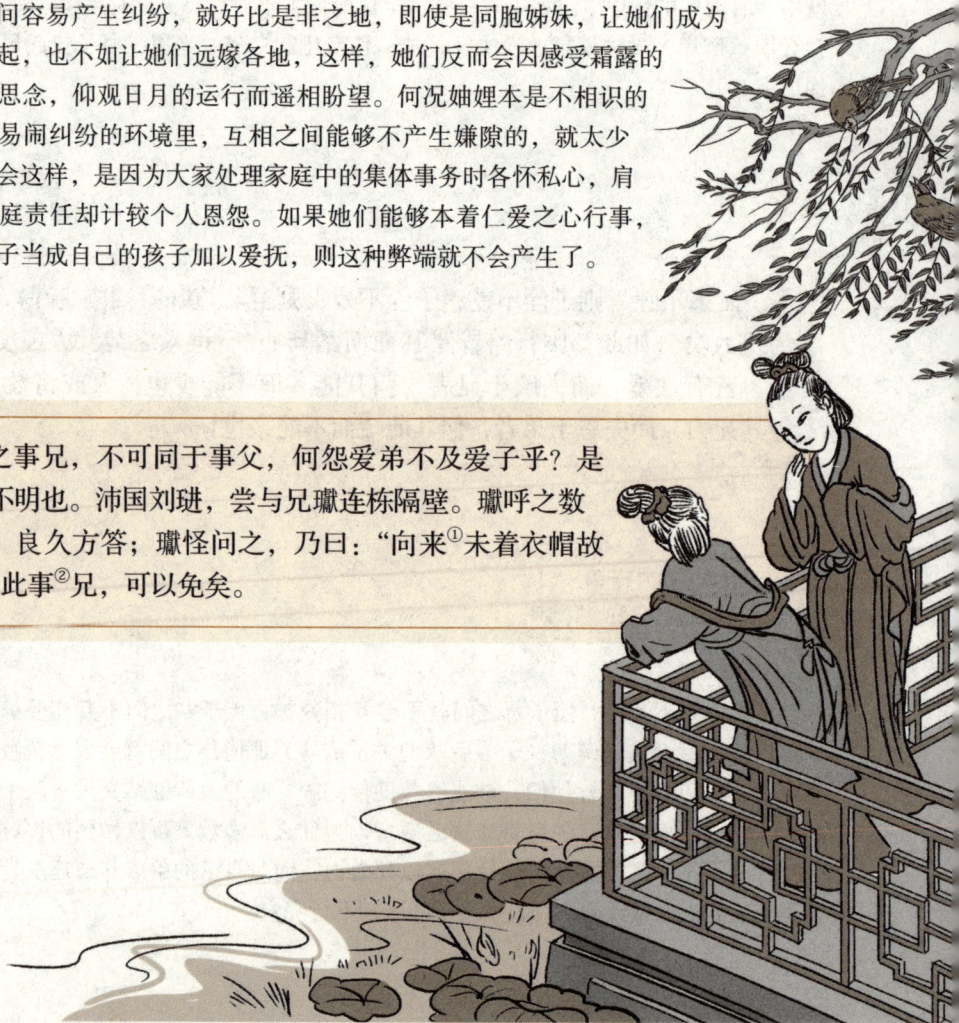

注释

①向来：刚才。

②事：侍奉，对待。

译文

有人不肯以侍奉父亲的态度侍奉兄长，又何必埋怨兄长对自己不如自家孩子珍爱呢？以此反观就可看出自己缺乏自知之明。沛国的刘琎与哥哥刘瓛的住房只隔一层墙壁。一次，刘瓛呼叫刘琎，连叫几声都没有答音，过了好一会儿才听见刘琎答应。刘瓛感到奇怪，问他原因，他说："因为刚才还没有穿戴好衣帽。"以这样的态度敬事兄长，可以不必担心哥哥对弟弟不如对自家的孩子了。

原文

> 江陵王玄绍，弟孝英、子敏，兄弟三人，特相友爱，所得甘旨新异，非共聚食，必不先尝，孜孜①色貌，相见如不足者。及西台陷没，玄绍以形体魁梧，为兵所围，二弟争共抱持，各求代死，终不得解，遂并命②尔。

注释

①孜孜：勤勉的样子。

②并命：相从而死。

译文

江陵的王玄绍与其弟孝英、子敏，兄弟三人特别友爱，谁得到美味新奇的食品，除非是三人在一起共享，否则绝不会有谁先去品尝。虽然互相勤勉相待，每次相见，总觉得在一起的时间不够。赶上西台陷落，玄绍因为体形魁梧，被敌兵包围，两个弟弟争着去抱他，请求替哥哥去死，但终于未能消解厄运，兄弟三人被一同杀害。

典故品读

推梨让枣

中国是古老的文明礼仪之邦，讲究做人要懂得礼貌谦让。一些从小显示出有这种美德的人，千百年来，都受到人们的赞扬。

东汉末年有个人叫孔融，字文举，他小小年纪便聪明过人。四岁时，一天长辈拿了一盘梨子给孔融弟兄几个吃，因为孔融最小，就让他先拿。孔融走上前去，在盘里拿了一个最小的梨。长辈问他为何不拿一个大的，孔融回答："我人小，按道理应该吃最小的嘛。"同族的长辈见他如此懂事知礼，都说孔融不平凡。果然，孔融谦恭有礼，虚心好学，长大后成为著名的文学家。

南朝时梁国有个人叫王泰,字仲通,从小聪明好学,举止稳重。在他只有几岁的时候,一天祖母把孙儿侄子们召集在一起,享受热闹温馨的家庭气氛。为了使场面更热烈,祖母特意把一大堆枣子、栗子放在床上,让孩子们去抢。孩子们一哄而上、争先恐后地去抢,只有王泰一个人在旁边静静地看着。大人觉得奇怪,问他为什么不去抢,王泰从容地说:"我不去拿,祖母也会分给我的。"人们见他如此冷静,都说他将来一定有出息。后来,王泰果然不负众望,长大后官至吏部尚书。

人琴俱亡

王羲之和王献之都是东晋时期著名的大书法家。王献之是王羲之的第七个儿子,王献之有个哥哥名叫王徽之,两人兄弟情深,感情很好。

王徽之生性散漫,自恃有才,非常任性,做事情喜欢我行我素。他整天蓬头垢面,不梳洗整理,官袍穿在身上连带子都不系,别人看见他这副模样,常常嘲笑他。

后来他给车骑将军桓冲手下当骑兵参军。

一天,桓冲问他:"你是管哪种差事的呀?"

"好像是管骑兵战马吧。"王徽之答道。

"那么你管多少马呀?"

"哪里知道马有多少?"

"马死了几匹?"

"未知生,焉知死?"

桓冲看他这种如呆似痴的样子，只好叹着气走开了。

有一次，王徽之听说有一户人家院里种了品种优良的竹子，便坐着车子去观竹。主人把院子打扫干净，摆上椅子请他坐，可他只顾看竹子，根本不理睬主人。别人对他的这种行为很不理解。

王徽之与弟弟王献之关系非常好，两人常在一块读书、作诗。王献之从小喜欢写字、画画，后来到朝廷做了中书令。

王徽之晚年弃官回到故乡，正赶上弟弟献之重病卧床。王徽之非常伤心，便求巫师说："听说人的寿命是有定数的，活人可以把寿命借给死人，我的才能不如弟弟，我愿意把自己的寿命借给他，我替他去死，让弟弟再活几年吧！"

巫师说："不行啊，你的寿命也到了限数啦，无法给别人的。"

没过几天，王献之去世了。家人悲痛欲绝，但是王徽之却不哭。他坐在灵床上，取下王献之的琴弹起来，但无论如何也弹不出调子。他长叹一口气，哀伤地说："呜呼，献之啊，人死了，琴也死啦……"说完，便昏厥过去。由于过分悲痛，王徽之背上的疥疮溃裂不愈，一个月之后他也病死了。

后娶第四

颜氏家训

原文

吉甫，贤父也；伯奇，孝子也①。以贤父御②孝子，合得终于天性，而后妻间之，伯奇遂放。曾参妇死，谓其子曰："吾不及吉甫，汝不及伯奇。"

王骏③丧妻，亦谓人曰："我不及曾参，子不如华、元④。"并终身不娶，此等足以为诫。其后，假继惨虐孤遗⑤，离间骨肉，伤心断肠者，何可胜数。慎之哉！慎之哉！

注释

①吉甫：指尹吉甫，西周时期著名的贤相。伯奇：尹吉甫长子。

②御：控制，此处指管教、教诲。

③王骏：西汉成帝刘骜时期大夫。

④华、元：指曾华、曾元，曾参的两个儿子。

⑤假继：继母。孤遗：前妻留下的孩子，因已失去生母，故亦称"孤"。

译文

吉甫是位贤明的父亲，伯奇是位孝顺的儿子。让贤明的父亲来管教孝顺的儿子，应该能够做到父慈子孝吧。但吉甫的后妻从中挑拨，伯奇就被父亲放逐了。曾参的妻子死后，他拒绝再娶，并对儿子说："我不如吉甫贤明，你们也不如伯奇孝顺。"

王骏在妻子死后，也对别人说："我不如曾参，我的孩子也不如曾华、曾元。"曾参和王俊都终身不再娶，这些事例都足以为诫。在曾参、王骏他们之外，继母残酷地虐待前妻的孩子，离间父子骨肉的关系，让人伤心断肠的事，不可胜数。对娶后妻的事，要慎重啊！慎重啊！

原文

江左不讳庶孽①，丧室之后，多以妾媵②终家事；疥癣蚊虻，或未能免，限以大分，故稀斗阋之耻。河北鄙于侧出③，不预人流，是以必须重娶，至于三四，母年有少于子者。后母之弟，与前妇之兄④，衣服饮食，爱及婚宦，至于士庶贵贱之隔，俗以为常。身没⑤之后，辞讼盈公门，谤辱彰道路，子诬母为妾，弟黜兄为佣，播扬先人之辞迹⑥，暴露祖考⑦之长短，以求直己者，往往而有。悲夫！自古奸臣佞妾，以一言陷人者众矣！况夫妇之义，晓夕移之，婢仆求容，助相说引，积年累月，安有孝子乎？此不可不畏。

注释

①江左：江东，指长江下游南岸地区。长江在此为东北流向，旧时地理上东为左，西为右，因此称江左。庶孽（niè）：封建社会称妾所生子女。

②妾媵（yìng）：正妻以外的婢妾。

③河北：黄河以北地区。侧出：指婢妾所生子女。

④后母之弟：后母生之子，对前母生之子来说就是弟弟。前妇之兄：前母所生之子，对后母所生之子来说是兄。

⑤没：通"殁"，死亡。

⑥辞迹：言语，行迹。此句指传扬先辈隐私。

⑦祖考：指祖先。

译文

　　江东一带的人不歧视婢妾所生的孩子，正妻死后，大多让妾室主持家事。这样，家里有小摩擦或许不能避免，但限于婢妾的身份地位，很少发生兄弟内讧那种耻辱的事。黄河以北一带的人，瞧不起婢妾所生的孩子，不让他们平等参与各种家庭或社会事务，这样，在妻子死后，就必须再娶一位，甚至娶三四次，以至后母的年龄比前妻的儿子还小，后妻所生的儿子与前妻所生的儿子，他们的衣服饮食以及婚配做官，竟然有像士庶贵贱那样的差别，而当地习俗认为这是很正常的。这种家庭，在父亲死后，往往扛官司挤破衙门，诽谤辱骂之声路上都听得到。前妻之子诬蔑后母是小妾，后母之子贬斥前妻之子当佣仆，他们到处传播先辈的隐私，暴露祖宗的长短，以此来证明自己有道理，这种人常常出现。可悲啊！自古到今的奸臣佞妾，用一句话就害了别人的太多了！何况凭夫妇的情义，后妻日夜在丈夫面前说其他子女的坏话，婢女男仆为讨得主人欢喜，帮着劝说引诱，这样积年累月下来，家里怎么还会有孝子？这不能不让人害怕。

原文

　　凡庸之性，后夫多宠前夫之孤，后妻必虐前妻之子；非唯妇人怀嫉妒之情，丈夫有沉惑之僻[1]，亦事势使之然也。前夫之孤，不敢与我子争家，提携鞠养，积习生爱，故宠之；前妻之子，每居己生之上，宦学[2]婚嫁，莫不为防焉，故虐之。异姓[3]宠则父母被怨，继亲虐则兄弟为仇，家有此者，皆门户之祸也。

注释

①沉惑：迷惑，溺于所爱而不明。僻：不良嗜好。
②宦学：指学习做官之事。
③异姓：前夫的子女。

译文

　　按常人的秉性来看，后夫大部分宠爱前夫的子女，后妻则必定会虐待前妻的子女。这并不是说只有妇人怀有嫉妒之心，而男子有溺爱孩子的毛病，实际上这是事物发展的形势使他们如此。前夫的子女，不敢与后夫的子女争夺财产，在这种情况下，后父从小照顾养育他，日子一长自然就会产生感情，所以后父会宠爱他。前妻的孩子，年龄地位一般都在自己亲生的子女之上，无论做官、读书还是娶妻出嫁，没有一样是不要提防的，所以后母很可能欺负他。父母宠爱异姓孩子会招致自己孩子的怨恨，继母虐待前妻的孩子则会使兄弟之间变成仇人，凡是家中有这些事的，都可说是家门不幸啊。

原文

思鲁①等从舅殷外臣，博达之士也。有子基、谌，皆已成立，而再娶王氏。基每拜见后母，感慕②呜咽，不能自持，家人莫忍仰视。王亦凄怆，不知所容，旬月求退，便以礼遣，此亦悔事也。

注释

①思鲁：颜思鲁，字孔归，颜之推的长子。

②感慕：思念。

译文

思鲁等孩子的表舅殷外臣，是一位广博达理的人。他的两个儿子殷基、殷谌，都已经长大成人，而他在妻亡后又再娶王氏。殷基每次去拜见继母，都因思念生母而痛哭流涕，不能控制住自己，家人都不忍心看他。王氏见了也不禁感到凄苦悲伤，不知该如何面对他，因此结婚才半个月就请求退婚，殷外臣只好按照礼节将她送回娘家，这也是让人遗憾的事啊。

原文

《后汉书》曰："安帝时，汝南薛包孟尝，好学笃行，丧母，以至孝闻。及父娶后妻而憎包，分出之，包日夜号泣，不能去，至被殴杖。不得已，庐①于舍外，旦入而洒扫。父怒，又逐之，乃庐于里门②，昏晨不废。积岁余，父母惭而还之。后行六年服，丧过乎哀③。既而弟子求分财异居，包不能止，乃中分其财；奴婢引④其老者，曰：'与我共事久，若不能使也。'田庐取其荒顿⑤者，曰：'吾少时所理⑥，意所恋也。'器物取其朽败者，曰：'我素所服⑦食，身口所安也。'弟子数破其产，还复赈给。建光⑧中，公车⑨特征，至拜侍中。包性恬虚，称疾不起，以死自乞。有诏赐告⑩归也。"

注释

①庐：指搭建简陋的房子。

②里门：乡里之门。

③丧过乎哀：守丧年限超过规定年限。封建社会父母死子女服丧三年，薛包服丧六年，所以说"丧过乎哀"。

④引：取。

⑤荒顿：荒废。

⑥理：整理。

⑦服：用。

⑧建光：汉安帝年号。

⑨公车：汉代官署名。臣民上书和征召，都由公车接待。

⑩赐告：汉制，官吏病满三月当免，天子特赐其保留官职回家养病称"赐告"。

译文

《后汉书》上说："安帝的时候，汝南有位叫薛包的，字孟尝，他喜爱学习，行为端正，母亲已去世，以格外孝顺闻名。他父亲娶了后妻，就憎恨薛包，把他赶出家门。薛包日夜放声痛哭，不肯离开，以至被父亲用棍棒殴打。薛包不得已，在家门外搭了间小屋暂住，清晨就进家清扫庭院。父亲很生气，又赶他出门。薛包只好在里巷外搭了间茅屋暂住，但从不忘记早晚向父母请安。过了一年多，父母感到羞愧，就让他回家了。父母死后，薛包守丧六年，超过了丧礼的要求。不久，弟弟要求分家另过，薛包阻止不了他，只好把家产平分。奴婢要年老体弱的，并且说：'他们与我共事时间长，你使唤不了。'把荒芜破败的房屋分给自己，说：'我年轻时就经营耕种，对它们十分有感情。'器物要腐朽了的，说：'我平时用惯了。'弟弟几次败家，薛包屡次接济。建光年间，官府特地征用他，封他侍中之职，但薛包生性恬淡，称病不起，乞求回老家终老，朝廷就下诏允许他带职回家养病。"

典故品读

宋弘不弃糟糠之妻

东汉大臣宋弘，光武帝时，曾任大中大夫、大司空等职，并受封为枸邑侯。

宋弘早年娶妻，他和他的妻子是青梅竹马，两小无猜。为了让宋弘早日出人头地，宋弘的妻子宁可自己吃苦受累也要让宋弘安心读书。

后来，宋弘被刘秀重用，官居高位。宋弘夫妻的感情仍然和当初一样，但是两个人最大的遗憾是没有子嗣，亲戚朋友都劝宋弘赶紧娶个二房，不能断了祖宗香火。宋弘听了严肃地说道："我妻从小和我在一起，她宁可自己受苦受累，也要让我安心读书上进。为人不能喜新厌旧，否则，为君者必殆于政事，为臣者将难于守职。我处世光明磊落，绝不做忘恩负义之事。"

那时，光武帝刘秀的姐姐湖阳公主刚刚守寡。刘秀看她姐姐还很年轻就想再给她找个丈夫，他便询问湖阳公主心中有何人选。湖阳公主说："大司空宋弘才貌出众，人品高尚，在群臣之中，是出类拔萃的。"刘秀也很赏识宋弘，便想撮合这段姻缘。

一天，他把宋弘召到宫里，让湖阳公主躲到屏风后面。宋弘坐好后，刘秀开门见山地说："俗话说，地位高了换朋友，钱财多了换老婆。这合乎不合乎人情呢？在我朝中，像你这样还守着一个老婆的人已经不多了，难道你就不想换个妻子吗？"

宋弘毫不犹豫地回答说："我觉得，作为一个诚实守信的正派人，在处理个人生活问题的时候，应该是'贫贱之交不可忘，糟糠之妻不下堂'，同过甘苦、共过患难的人是应该始终相守在一起的。有钱有势后就喜新厌旧，那是势利小人的作为，我是看不起这种人的。"宋弘这样说了，刘秀也不好意思再为其提亲了。宋弘走后，刘秀对湖阳公主说："宋弘的话您也听到了，看来他是不会再娶别的女子了，姐姐还是另选他人吧！"

湖阳公主微微点了一下头，情不自禁地赞叹说："我没有看错，宋弘是个真君子啊！"

举案齐眉

东汉时代有个叫梁鸿的读书人，字伯鸾，是太学的学生，博学多才。学成以后，因为家贫，在上林苑里养猪为业，为人很有志气。一次，邻居把饭煮熟了，叫他趁锅底下还有余火，抓紧时间去做饭。他却说："我是不会沾别人的光的。"他一面说一面把锅底下的余火灭掉了，然后又重新烧火煮饭。

不久，梁鸿的名气大了起来，一些有钱人愿意将他招为女婿，他全部拒绝了。同县有一个姓孟的富家女儿，虽然她相貌丑陋，却有古代女子所应具备的美德，所以仍有很多人向她求婚，但她不肯随便嫁人。一直到三十岁，父母问她对自己的婚姻大事有什么打算，她说："要我嫁人，除非像梁伯鸾这样的人才合我的心意。"梁鸿听说了，很有知己之感，就把她娶了回来。

但婚后七天梁鸿一直不肯理睬她，因她仍然穿着绫罗，一派富家小姐的装束。妻子知道以后，脱下绫罗，穿上粗布衣服，辛勤劳作，这时，梁鸿才高兴地说："这样才真正是梁鸿的好妻子了。"两人先隐居在霸陵的深山里面，丈夫耕地，妻子织布。空闲下来，就在一起读书弹琴，过着幸福愉快的生活。

后来，他俩离开故乡，路过洛阳。梁鸿看到当时朝廷腐败，便写了一首《五噫》歌，抒发他的愤慨。不料皇帝非常生气，下令要拘捕他。他只好隐姓埋名逃到吴地，替大户人家皋伯通舂米以维持生活。每次干完活回家，他的妻子预备了饭食，总是恭恭敬敬地把饭盘举得齐着眉毛送他吃。皋伯通看见了说："一个工人能够使他妻子这样看重他，一定是个非同寻常之人。"从此就请他在住宅里住下。

治家第五

原文

　　夫风化^①者，自上而行于下者也，自先而施于后者也。是以父不慈则子不孝，兄不友则弟不恭，夫不义则妇不顺矣。父慈而子逆，兄友而弟傲，夫义而妇陵^②，则天之凶民，乃刑戮之所摄^③，非训导之所移^④也。

注释

①风化：风俗，教化。

②陵：通"凌"，欺侮。

③摄：通"慑"，使人畏惧。

④移：改变。

译文

教育感化的事情，是由上到下推行的，是从前人向后人延续的。所以父亲不慈爱，子女就不孝；兄长不友爱，弟弟就会不恭敬；丈夫不讲情义，妻子就不会温顺。至于父亲慈爱而子女叛逆，哥哥友爱而弟弟傲慢，丈夫仁义而妻子跋扈，则这些就是天生的恶毒之人，要用刑罚杀戮来迫使他畏惧，而不是仅用训诲教导就能将其改变的。

原文

> 笞怒废于家，则竖子之过立见①；刑罚不中，则民无所措手足②。治家之宽猛，亦犹国焉。

注释

①竖子：未成年的人。见：通"现"，出现、显现。

②中：合适。措：安放。

译文

家里如果没有人发火，将鞭笞的惩罚废置太久，则孩子的错误就会马上出现；如果刑罚用得欠妥，那老百姓就会不知所措。治家的宽严标准，也像治国一样。

原文

> 孔子曰："奢则不孙，俭则固①；与其不孙也，宁固。"又云："如有周公之才之美，使骄且吝，其余不足观也已。"然则可俭而不可吝也。俭者，省约为礼之谓也；吝者，穷急不恤之谓也。今有施则奢，俭则吝；如能施而不奢，俭而不吝，可矣。

注释

①孙：通"逊"，恭顺。固：寒酸，鄙陋。

译文

孔子说:"奢侈就显得不恭顺,俭朴就显得鄙陋。与其不恭顺,宁可鄙陋。"孔子又说:"假如有一个人有周公那样好的才能,但只要他既骄傲又吝啬,那其他方向也是不值一提的。"这么说来就应该节俭而不应该吝啬了。节俭,是指减省节约以合乎礼数;吝啬,是指对穷困急难的人也不救济。现在肯施舍的却也奢侈,能节俭的却又吝啬,如果能做到肯施舍而不奢侈,能节俭而不吝啬,那就可以了。

原文

生民①之本,要当稼穑而食②,桑麻以衣。蔬果之畜,园场之所产;鸡豚之善③,埘④圈之所生。爰及栋宇器械,樵苏脂烛⑤,莫非种殖之物也。至能守其业者,闭门而为生之具⑥以足,但家无盐井耳。今北土风俗,率能躬俭节用,以赡⑦衣食;江南⑧奢侈,多不逮焉。

注释

①生民:人民,百姓。

②稼穑而食:种植五谷以获取食物,泛指农业生产。稼:播种谷物。穑:收获谷物。

③善:通"膳",饮食。

④埘(shí):在墙壁上挖洞做成的鸡窝。

⑤樵苏:做燃料用的柴草。脂烛:用油脂做的蜡烛。

⑥为生之具:维持生活的必需品。

⑦赡:供给,供养。

⑧江南:指长江下游南岸区域。

译文

人民生活的根本，就是要靠春播秋收获取食物，种桑纺麻得到衣服。蔬菜水果的聚积，是靠果园菜圃里出产的；鸡肉、猪肉等美食，是靠鸡窝、猪圈里产生的。直到房屋器用、柴草脂烛，没有一样不是耕种养殖的产物。那些最善于管理家业的人，不出门而各种维持生计的物品已经充足了，只不过家里还缺一口产盐井罢了。现在北方地区一般能够做到减省节约，以保障衣食之用；江南地区风气奢侈，在节俭持家方面大多赶不上北方。

原文

梁孝元世，有中书舍人，治家失度，而过严刻。妻妾遂共货①刺客，伺②醉而杀之。

注释

①货：买，买通。

②伺：观察，等待时机。

译文

梁朝孝元帝的时候，有一位中书舍人，治家有失法度，待家人过于严厉苛刻。妻妾就共同买通刺客，趁他喝醉时杀了他。

原文

世间名士①，但务②宽仁；至于饮食饷馈③，僮仆减损，施惠然诺，妻子节量，狎侮④宾客，侵耗乡党：此亦为家之巨蠹⑤矣。

注释

①名士：泛指有名的人

②务：追求，讲究。

③饷馈：赠送、馈赠给别人的东西。

④狎侮：轻慢，戏弄。

⑤蠹（dù）：蛀虫。这里指危害家庭的人或事。

译文

世上的一些名士，只知讲究宽厚仁慈，以至日常饮食和馈赠客人的食品，童仆都敢从中抽取；承诺接济亲友的东西，由妻子儿女把持控制，甚至发生侮辱宾客、侵犯乡里的事，这也是家中一大弊害。

原文

> 齐吏部侍郎房文烈，未尝嗔①怒。经霖雨绝粮，遣婢籴②米，因尔逃窜，三四许日，方复擒之。房徐曰："举家无食，汝何处来？"竟无捶挞。尝寄③人宅，奴婢彻屋为薪略尽，闻之颦蹙④，卒无一言。

注释

①嗔：生气，怪罪。

②籴（dí）：买进。

③寄：寄托，托付。这里指借给别人。

④颦蹙（pín cù）：皱着眉头，忧愁的样子。

译文

齐朝的吏部侍郎房文烈，从不生气发怒，一次连续几天降雨，家中断粮，房文烈派一名婢女买米，婢女乘机逃跑了，过了三四天，才把她抓获。房文烈只是语气平缓地对她说："一家人都没吃的了，你跑哪里去啦？"竟然没有痛打。房文烈曾经把房子借给别人居住，那家的奴婢们拆房子当柴烧，差不多要拆光了，他听到后皱了皱眉头，始终没说一句话。

原文

> 裴子野有疏亲故属饥寒不能自济①者，皆收养之。家素清贫，时逢水旱，二石米为薄粥，仅得遍焉，躬自同之，常无厌色。
>
> 邺下有一领军，贪积已甚，家僮八百，誓满一千；朝夕每人看膳，以十五钱为率②，遇有客旅，更无以兼。后坐事伏法，籍其家产，麻鞋一屋，弊衣数库，其余财宝，不可胜言。
>
> 南阳有人，为生奥博③，性殊俭吝。冬至后女婿谒之，乃设一铜瓯酒，数脔獐肉④。婿恨其单率，一举尽之。主人愕然，俯仰⑤命益，如此者再。退而责其女曰："某郎好酒，故汝常贫。"及其死后，诸子争财，兄遂杀弟。

注释

①济：救助，帮助渡过难关。

②率：按某种标准，以某种规格。

③奥博：钱财家产积累厚，指富有。

④瓯：盛酒器。脔（luán）：切成块的肉。

⑤俯仰：周旋，应付。

译文

裴子野把他的亲属中凡是有饥寒而没有能力自救的人，都收养了下来。他的家里一向贫穷，当时又遇上水旱灾害，他便用二石米煮成稀粥，勉强让大家都吃上一点，自己也和大家一起吃，从没有显出过不满的神色。

郴城有个大将军，积蓄甚多依然贪得无厌，奴仆已有了八百人，还发誓要凑满一千，而每人一天的饭菜，却以十五文钱为标准，即使遇到客人来，也不增加一些。后来这位将军犯事，朝廷将其处死，没收了其家产，发现仅麻鞋就有一屋子，破旧衣服堆满了几个仓库，其余的财宝，更是数都数不清。

南阳那地方有个人，生平深藏广蓄，但性格特别吝啬。冬至后，女婿前来拜见他，他只给女婿准备了一铜瓯的酒和几片切成小块的獐子肉，女婿嫌他太吝啬，把酒肉一下子就吃完喝光了。这个人很吃惊，只好勉强应付叫人添酒加菜，这样先后添了两次。过后，他责怪女儿说："你丈夫嗜酒成性，才弄得你总是贫穷。"等到他死后，几个儿子为遗产发生了纠纷，结果竟然发生了兄弟残杀的事情。

原文

妇主中馈①，惟事酒食衣服之礼耳。国不可使预政，家不可使干蛊②。如有聪明才智，识达古今，正当辅佐君子，助其不足，必无牝鸡晨鸣③，以致祸也。

注释

①中馈：指妇女在家中主持饮食等事。

②干蛊（gǔ）：主事，执掌家中大权。

③牝（pìn）鸡晨鸣：旧时比喻妇女窃权乱政，这里指女子主持家事。牝鸡：母鸡。

译文

妇女主持家务，只要负责将食物酒肉衣服做得合乎礼数就行了。不能让她过问国家大事，当然也不能让她干预家里的大事了。如果她们真有聪明才智，见识通达古今，也只应辅助丈夫，以弥补丈夫的不足。一定不要像母鸡晨鸣一样，招致灾祸。

原文

江东妇女，略无交游。其婚姻之家①，或十数年间，未相识者，惟以信命赠遗，致殷勤焉。邺下风俗，专以妇持门户，争讼曲直，造请逢迎，车乘填街衢，绮罗盈府寺，代子求官，为夫诉屈。此乃恒、代之遗风乎？

南间贫素，皆事外饰，车乘衣服，必贵齐整；家人妻子，不免饥寒。河北人事②，多由内政③，绮罗金翠，不可废阙，羸马悴奴，仅充而已；倡和之礼，或尔汝之。

注释

①婚姻之家：婆家和娘家。

②人事：交际应酬。

③内政：家庭内部事务，这里借指主持家务的妻子。

译文

江东的妇女，很少与外界交往，即使是结成婚姻的亲家，十几年还没见过面的也不在少数，只派人传达音信或送礼物，来互相问候和诉说感情。邺城的风俗，特地让妇女当家，她们为了辨明是非曲直而争讼于公堂，请客送礼，谒见迎候，她们乘坐的车马填塞了道路，她们穿着绸缎罗绮挤满官署。有的是替儿子乞求官职，有的是给丈夫诉说冤屈。这

应该就是恒州、代郡一带的北魏鲜卑的遗风吧？

　　在南方，即使是贫穷人家，也都注意修饰外表，车马、衣服一定讲究齐整，而家里的妻子儿女却不免饥寒。黄河以北的交际应酬，也多凭妇女，绮罗金翠，不能缺少，而家里的瘦弱马匹和憔悴奴仆，都不过是勉强充数而已。夫妇之间交流，有时"尔""汝"相称，用词并不拘泥夫唱妇和的礼数。

原文

河北妇人，织纴组紃①之事，黼黻②锦绣罗绮之工，大优于江东也。

注释

①织纴组紃：古代妇女织作布帛之事。纴：缯帛。组：用丝织成具有纹采的丝带。
②黼黻（fǔ fú）：古代礼服上所绣的精美花纹。

译文

　　黄河以北地区的妇女，编织纺织的手艺，绣花织锦的手艺，都大大超过江东的妇女。

原文

太公曰①："养女太多，一费也。"陈蕃曰②："盗不过五女之门③。"女之为累，亦以深矣。然天生烝民④，先人传体，其如之何？世人多不举女，贼行骨肉，岂当如此，而望福于天乎？吾有疏亲，家饶妓媵，诞育将及，便遣阍竖守之⑤。体有不安，窥窗倚户，若生女者，辄持将去⑥；母随号泣，使人不忍闻也。

注释

①太公：指姜太公。
②陈蕃：东汉名臣，曾劝告皇帝不可养过多嫔妃。
③盗不过五女之门：养了五个女儿的家庭，父母出五套嫁妆，家里会一贫如洗，连贼都不会来偷。
④烝（zhēng）：众多。
⑤阍（hūn）竖：守门家仆。
⑥辄：同今语"就"。

译文

姜太公说过："女儿养得太多，是一种耗费。"陈蕃说："盗贼都不愿意偷有五个女儿的家。"女儿带来的拖累，实在太重了。但天生众民，都是祖先传下的骨肉，又能将她怎样？一般人家都不愿养女儿，生下的亲骨肉也要加以残害，难道这样做，上天还会降福给你吗？我有一个远房亲戚，家中有很多姬妾，有谁产期将到了，他就派人去守着。等到分娩时，家仆从门窗往里窥视，如果生出的是女儿，就立即抱走；产妇随之大哭，真让人不忍心听啊。

原文

> 妇人之性，率宠子婿而虐儿妇。宠婿，则兄弟[1]之怨生焉；虐妇，则姊妹[2]之谗行焉。然则女之行留[3]，皆得罪于其家者，母实为之。至有谚云："落索阿姑餐[4]。"此其相报也。家之常弊，可不诫哉！

注释

①兄弟：指女儿的兄弟。
②姊妹：指儿子的姊妹。
③行：指女儿出嫁。留：指儿子娶媳妇。
④落索阿姑餐：婆婆吃顿饭都要受到冷落。落索：冷落萧索。阿姑：指婆婆。

译文

妇女的天性，大多宠爱女婿而虐待儿媳。宠爱女婿容易招致子女的怨恨，虐待儿媳又使女儿趁机进谗言。这样，女的不论是出嫁还是留待闺中都会得罪家人，而这些都是做母亲的一手酿成的。以致有句谚语讲道："落索阿姑餐。"是说婆婆吃顿饭都要受冷眼。做儿媳的就是以冷落婆婆作为报复的手段，实在是报应啊。这是家庭里常见的弊端，不能不引以为戒啊！

原文

> 婚姻素对[1]，靖侯[2]成规。近世嫁娶，遂有卖女纳财，买妇输绢[3]，比量父祖，计较锱铢，责多还少，市井[4]无异。或猥[5]婿在门，或傲妇擅[6]室，贪荣求利，反招羞耻，可不慎欤！

注释

①素对：清寒的配偶。素：寒素。

②靖侯：指颜之推祖先颜含。

③卖女纳财：在嫁女时收受厚重的财礼，就像出卖女儿。买妇输绢：在娶儿媳妇向女方送厚礼，就像买进媳妇。

④市井：古代做买卖之处，也用以指商人做买卖。

⑤猥：卑污，下流。

⑥擅：独揽。

译文

男女婚配要选择清白人家，这是先祖靖侯立下的规矩。近来嫁女儿娶媳妇，竟然有卖女儿捞钱财、用绢帛买媳妇的。为子女选配偶时，比量算计对方父辈祖辈的权势地位，斤斤计较对方财礼的多寡；女方要求的多，男方应允的少，与商人无异。结果，招的女婿猥琐鄙贱，娶来的媳妇凶悍擅权。他们贪荣求利，反而招来羞耻，对此不能不慎重啊！

原文

借人典籍，皆须爱护，先有缺坏，就为补治，此亦士大夫百行①之一也。济阳江禄，读书未竟，虽有急速，必待卷束整齐，然后得起，故无损败，人不厌其求假焉。或有狼藉几案，分散部帙②，多为童幼婢妾之所点③污，风雨虫鼠之所毁伤，实为累德④。吾每读圣人之书，未尝不肃敬对之；其故纸有《五经》词义，及贤达姓名，不敢秽用⑤也。

注释

①百行：封建社会上大夫所订立身行己之道，共有百事，称为百行。

②部：古代书籍按内容分为若干门类称部，引申后称一种书为一部书。帙：古人用以装书卷的书套。

③点：通"玷"，有污点。

④累德：败坏德行。累：连累、拖累。

⑤秽用：指把书卷用于覆瓿、糊窗等之用。

译文

借别人的书籍，都应当爱护，借来时如有缺坏，就替别人修补好，这也是士大夫百行之一啊。

济阳的江禄，在读书未结束时，虽然碰上急事，也一定要把书卷束整齐，然后才起身，所以他的书没有损坏的，别人也不讨厌他来借书。有的人把书乱七八糟地堆放在桌上，那些分散的书卷，大多被孩童、婢女、侍妾弄脏，或被风雨侵蚀、被虫鼠蛀咬所毁伤，实在有损道德。我每次读圣人的书，都严肃恭敬地面对它的。那些古书上有《五经》的文义以及贤达的姓名，可不敢用在污秽的地方呀。

原文

> 吾家巫觋祷请①，绝于言议；符书章醮②，亦无祈焉，并汝曹所见也。勿为妖妄之费。

注释

①巫觋（xí）：旧时称女巫为巫，男巫为觋，合称"巫觋"。祷请：向鬼神祈祷请求。

②符书章醮（jiào）：道士用墨笔或朱笔在纸上画的用来驱鬼召神或治病延年的符文。旧时骗人的迷信活动。

译文

我们家里，从来不请那些巫婆神汉装神弄鬼吓人，也从不请道僧画符弄法，求天祈福，这些你们都是知道的。切莫把钱浪费在这些巫妖虚妄的事情上。

典故品读

胸怀大度才能家和国兴

唐代宗时，郭子仪在扫平安史之乱中战功赫赫，成为复兴唐室的元勋。唐代宗为了表示自己对他的敬重，将女儿升平公主嫁给了郭子仪的儿子郭暧为妻。

郭暧是将门虎子，升平公主是金枝玉叶，这小两口儿互不服气，常常发生口角。

有一天，两个人又拌起嘴来，郭暧看到妻子摆出一副臭架子，根本不把他放在眼里，

就愤愤不平地说："你有什么了不起！ 实话告诉你，大唐江山是我爸爸打败了安禄山保住的，我爸爸因为瞧不起皇帝的宝座，所以才没当皇帝。"封建社会的皇帝至高无上，一般人想取而代之，便是大逆不道，是犯了十恶不赦的死罪。升平公主听到郭暧口出狂言，立刻奔到宫中，向唐代宗一五一十地讲了一遍，指望父皇会重惩郭暧，替她出口气。

不料，唐代宗听完女儿的汇报，不动声色地说："你丈夫说的都是实情，天下是你公公保全下来的，如果他想当皇帝，早就当上了，天下也早就不是咱李家所有了。"然后又劝慰了女儿一番，不要抓住丈夫的一句话，就要以"谋反"治罪，小两口儿要和和气气过日子。在唐代宗的劝解下，升平公主消了气，回到了郭家。

郭子仪听说此事却十分恼火，即刻命人将郭暧捆绑起来，送到宫中，要求代宗严惩。唐代宗却毫无怪罪之意，反而劝慰郭子仪说："有句俗话叫'不痴不聋，不为家翁'，儿女们在闺房中的私语，岂可当真？咱们只当作聋子、傻子，装没听见就行了。"听了亲家这番入情入理的话，郭子仪顿时感到一阵轻松，钦佩唐代宗胸怀大度，治家有方。

北宫殖碎珠

在雍丘那个地方有个名叫北宫殖的人，他以撑船、捕捉鱼蚌为生。有一天夜里，他在河边睡觉的时候，忽然发现了一颗放光的珠子，它的光亮可以照到百步以外。雍丘的人们都以为北宫殖得了一件奇珍异宝，争相杀猪宰羊去庆贺。人们说："从你住到雍丘以来，出门便撑船，进家便离船，穿的衣裳破破烂烂，吃的东西随随便便。宋国最贫寒的人，也没有像你这样的了。你现在却一下得到了奇宝，这件奇宝，是世人都羡慕的东西，你还有什么欲望不能满足呢！"

宋国的大夫听说了，也去祝贺说："宋国国君想要寻求照亮车乘的宝珠十枚，现在已经有了九枚，在宋国国内到处下令去找寻，但总没有回音，没想到你竟在河岸边上捡到了。你应当把宝珠用细布包裹起来，然后藏在一个宝匣子里，我带领你去向国君进献。到那时候，你的想要的荣华富贵国君都会给你的！"

北宫殖将要起行，他父亲刚好从秦国回到家来，北宫殖便把详细情况一五一十地告诉了父亲。父亲听了哭泣说："我家住在雍丘，已经是十代人了，一直只有一条船。现在把这颗宝珠献给国君，必定会发家致富；家境富贵了，便会骄纵傲慢；骄纵傲慢了，就会凶暴起来；凶暴了，就要行为不轨；行为不轨，就会陷入危境，就会招致大祸而告终。到那个时候，就算你想要再像今日撑船为生，还能做到吗？我为什么要这样做呢？"

于是北宫殖便把夜光珠砸碎了。

风 操 第 六

原文

吾观《礼经》，圣人之教：箕帚匕箸①，咳唾唯诺，执烛沃盥，皆有节文②，亦为至矣。但既残缺，非复全书；其有所不载，及世事变改者，学达君子，自为节度③，相承行之，故世号士大夫风操④。而家门颇有不同，所见互称长短；然其阡陌，亦自可知。昔在江南，目能视而见之，耳能听而闻之；蓬生麻中，不劳翰墨⑤。

汝曹生于戎马之间，视听之所不晓，故聊记录，以传示子孙。

注释

①箕帚：畚箕和扫帚。匕箸：勺子、筷子之类的取食用具。

②节文：节制修饰。

③节度：调度，权衡。

④风操：风度节操。

⑤翰墨：笔墨。

译文

我看那《礼经》，上面有圣人的教诲：为长辈清扫秽物时该怎样使用畚箕、扫帚，进餐时该怎样选择匙子、筷子，在父母公婆面前保持怎样一种行为姿态，酒席宴会上该有些什么规矩，服侍长辈洗手又该如何进行，都有一定的节制规范，说得也十分周详。但此书已经残缺，不再是全本。有些礼仪规范，书上也未记载，有些则需根据世事的变化作相应调整，博学通达的君子，自己去权衡度量，递相承受而推行之，所以人们就把这些礼仪规范称为士大夫风操。然而各个家庭自有不同，对所见到的礼仪规范看法不同，但它们的大

致路径还是清楚的。我过去在江南的时候，对这些礼仪规范耳闻目睹，早已深受其熏染，就像蓬蒿生长在麻之中，不用规范也长得很直一样。

你们生长在战乱年代，对这些礼仪规范当然是看不见也听不到的，所以我姑且把它们记录下来，以此传示子孙后代。

原文

《礼》曰："见似目瞿①，闻名心瞿。"有所感触，恻怆心眼；若在从容平常之地，幸须申其情耳。必不可避，亦当忍之。犹如伯叔兄弟，酷类先人，可得终身肠断，与之绝耶？又："临文不讳，庙中不讳，君所无私讳。"益知闻名，须有消息，不必期于颠沛②而走也。梁世谢举，甚有声誉，闻讳必哭，为世所讥。又有臧逢世，臧严之子也，笃学修行，不坠门风。孝元经牧江州，遣往建昌督事，郡县民庶，竞修笺书，朝夕辐辏③，几案盈积，书有称"严寒"者，必对之流涕，不省取记，多废公事，物情④怨骇，竟以不办而还。此并过事也。

注释

①瞿（jù）：恭谨的样子。

②颠沛：脚步忙乱不稳，此处形容闻先人名讳后立即趋避的狼狈样。

③辐辏：车轴集于轴心，此喻信函聚集于官署。

④物情：人情。

译文

《礼记》上说："见到与过世父母容貌相似的人要恭谨，听到与过世父母的名字相似的名字要恭谨。"这是因为有所感触，引发了内心的哀痛。若是在气氛和谐的地方发生这类事，可以把这种感情表达出来。遇到实在无法回避的，也应该忍一忍。就比如自己的叔伯兄弟，相貌有酷似过世父母的，难道你能因此而一辈子伤心断肠，与他们绝交吗？《礼记》上还说过："写文章时不用避讳，在宗庙祭祀时不用避讳，在国君面前不避私讳。"这就让我们进一步明白了在听到先父母的名字时，应该先斟酌一下自己应取的态度，不一定非得立马窘迫趋避不可。梁朝的谢举，很有声望，但听到别人称先父母的名字就要哭，引得世人讥笑。还有一位臧逢世，是臧严的儿子，其人爱好学习，修养品行，不失书宦人家的门风。梁元帝任江州刺史时，派他到建昌督促公事，当地黎民百姓纷纷写信来函，信函集中到官署，堆得案桌满满的。这位臧逢世在处理公务时，凡见信函中出现"严寒"一类字样，必然对之掉泪，不再察看回复，因此经常耽误公事。人们对此既不满又诧异，他最终因不会办事被召回。以上所举都是些避讳不当的例子。

原文

近在扬都①，有一士人讳审，而与沈氏交结周厚②，沈与其书，名而不姓，此非人情也。

注释

①扬都：东晋、南朝的京城建康，因系扬州治所，所以称"扬都"。

②周厚：深厚。

译文

最近在扬州城，有一位读书人忌讳"审"字，他与一位姓沈的交情深厚，姓沈的朋友给他写信，落名时只写名不写姓，这就不近人情了。

原文

凡避讳者，皆须得其同训①以代换之：桓公②名白，博有五皓之称；厉王③名长，琴有修短之目。不闻谓布帛为布皓，呼肾肠为肾修也。梁武④小名阿练，子孙皆呼练为绢；乃谓销炼物为销绢物，恐乖⑤其义。或有讳云者，呼纷纭为纷烟；有讳桐者，呼梧桐树为白铁树，便似戏笑耳。

注释

①同训：指意思相同或相近的词。训：词义解释。

②桓公：即齐桓公，姜姓，名小白。齐国国君，春秋时第一个霸主。

③厉王：即淮南王刘长，汉高祖少子。

④梁武：即梁武帝萧衍，字叔达，南朝梁的建立者，公元502—549年在位。

⑤乖：违背。

译文

现在凡要避讳的字，都得用它的同义词来替换：齐桓公名叫小白，所以"五白"这种博戏就有了"五皓"这种称呼；淮南厉王名长，所以"琴瑟各有长短"就说成"琴瑟各有修短"。但还未听说过把"布帛"称作"布皓"，把"肾肠"称作"肾修"的。梁武帝的小名叫阿练，所以他的子孙都把"练"称作"绢"，然而把"销炼物"称为"销绢物"，恐怕就有悖于这个词的含义了。还有那忌讳"云"字的人，把"纷纭"叫作"纷烟"；忌讳桐字的人，把"梧桐树"称作"白铁树"，就像在开玩笑了。

原文

周公名子曰禽，孔子名儿曰鲤，止在其身，自可无禁。至若卫侯、魏公子①、楚太子，皆名虮虱；长卿名犬子，王修名狗子，上有连及②，理未

为通，古之所行，今之所笑也。北土多有名儿为驴驹、豚子者，使其自称及兄弟所名，亦何忍哉？前汉有尹翁归，后汉有郑翁归，梁家亦有孔翁归，又有顾翁宠；晋代有许思妣、孟少孤，如此名字，幸当避之。

注释

①魏公子：按《史记》应为韩公子。

②连及：联系。

译文

周公给儿子取名叫伯禽，孔子给儿子取名叫鲤，这些名字只与他们本人有关，自然无须阻止。至于像卫侯、韩公子、楚太子都取名为“虮虱”，司马相如又名“犬子”，王修名叫“狗子”，这就牵连涉及他们的父辈，情理上无法融通了。古人所做的一些事情，现在的人就觉得荒唐了。北方人常给儿子取名为驴驹、猪崽之类的，假如让他们这样自称，或者让他们的兄弟这样称呼，又怎么受得了呢？前汉有人叫尹翁归，后汉有人叫郑翁归，梁朝也有人叫孔翁归，还有人叫顾翁宠；晋代又有人叫许思妣、孟少孤，像这一类名字，都应当尽力回避。

原文

今人避讳，更急[①]于古。凡名子者，当为孙地[②]。吾亲识中有讳襄、讳友、讳同、讳清、讳和、讳禹，交疏造次[③]，一座百犯，闻者辛苦[④]，无憀[⑤]赖焉。昔司马长卿慕蔺相如，故名相如，顾元叹[⑥]慕蔡邕[⑦]，故名雍，而后汉有朱伥字孙卿，许暹字颜回，梁世有庾晏婴、祖孙登，连古人姓为名字，亦鄙事也。

注释

①急：这里指严格、严苛。

②为孙地：要为孙子辈着想。

③交疏：应为“疏交”，指相交之远者。造次：急促。

④辛苦：悲痛。

⑤无憀（liáo）赖：无所依从。

⑥顾元叹：顾雍，字元叹，吴郡吴县（今属江苏）人，吴国孙权时期丞相。

⑦蔡邕：东汉著名文学家、书法家。

译文

当今时代人的避讳，比古人更严格。人们在为儿子取名时，就应当设身处地为孙辈着想。我的亲朋好友中有讳"襄"字的、讳"友"字的、讳"同"字的、讳"清"字的、讳"和"字的、讳"禹"字的，情谊疏浅的人一时仓促，很容易冒犯在座众人的忌讳，听到的人感到辛酸悲苦，弄得无所适从。从前司马长卿敬佩蔺相如，所以就改名相如；顾元叹钦慕蔡邕，因此就改名为雍。而后汉的朱伥字孙卿，许暹字颜回；梁朝有庾晏婴、祖孙登，这些人竟然把古人连名带姓都选作自己的名字，也是一件庸俗鄙贱的事啊。

原文

昔刘文饶不忍骂奴为畜产①，今世愚人遂以相戏，或有指名为豚犊②者。有识傍观，犹欲掩耳，况当之者乎！

注释

①畜产：畜生。
②豚：小猪。犊：小牛。

译文

以前，刘文饶不忍心骂仆人为畜生，而当今有些愚昧浅陋的人却用这类字眼相互取乐，有的人还称呼别人为猪崽、牛犊。有见识的旁观者尚且听不下去想把耳朵捂住，何况那当事人呢！

原文

近在议曹①，共平章②百官秩禄，有一显贵，当世名臣，意嫌所议过厚。齐朝有一两士族文学之人，谓此贵曰："今日天下大同，须为百代典式，岂得尚作关中旧意？明公定是陶朱公③大儿耳！"彼此欢笑，不以为嫌④。

注释

①议曹：议事局。
②平章：商量处理。
③陶朱公：即春秋时越国大夫范蠡。范蠡的二儿子在楚国杀了人，犯下死罪。大儿子携巨款前去相救，最终因为吝惜钱财，害死了二儿子。
④嫌：厌恶，讨厌。

译文

近日我在议事局与众人一起商议关于百官的俸禄问题，有一位显贵，是当今显赫，他对众人所议的百官俸禄过于优待表示不满。有一两位原齐朝的士族文学侍从，便对这位显贵说："现在天下统一了，我们应该为后世建立一个典范，怎么能依然沿袭以前的关中旧规呢？明公如此吝啬，一定是陶朱公的大儿子吧！"说罢彼此欢笑，竟然不嫌忌这种把戏。

原文

昔侯霸①之子孙，称其祖父曰家公；陈思王②称其父为家父，母为家母；潘尼③称其祖曰家祖：古人之所行，今人之所笑也。今南北风俗，言其祖及二亲，无云家者；田里猥人④，方有此言耳。凡与人言，言己世父⑤，以次第称之，不云家者，以尊于父，不敢家也。凡言姑姊妹女子子：已嫁，则以夫氏称之；在室⑥，则以次第称之。言礼成他族⑦，不得云家也。子孙不得称家者，轻略之也。蔡邕书集，呼其姑姊为家姑家姊，班固书集，亦云家孙，今并不行也。

注释

①侯霸：字君房，光武帝时大司徒。
②陈思王：三国曹魏诗人曹植，字子建，封陈王，谥号"思"，又称陈思王。
③潘尼：西晋文学家，与叔父潘岳以文学齐名，合称"两潘"。
④田里：农村里。猥人：鄙俗之人。
⑤世父：伯父。
⑥在室：女子未出嫁。
⑦礼成他族：女子出嫁到婆家。

译文

从前侯霸的子孙称他们的祖父为家公；曹植称他的父亲叫家父，母亲叫家母；潘尼称他的祖父叫家祖。古代的人就是这么称呼的，在今天的人看来就是笑柄了。现在南北各地风俗，提到祖父母及双亲，没有称"家"的；只有山村野夫，才会这样称呼。凡是与别人谈话，提到自己的伯父，就按父辈排行次序称呼。不冠以"家"字，是因为伯父长于父亲，不敢称"家"。凡是说到自己的姑表姊妹，已经出嫁的，就以她丈夫的姓氏称呼她；还未出嫁的，就按兄弟姐妹的排行次序称呼她。因为女子嫁给婆家，不能称"家"。对于子孙不可称"家"的原因，是为了表示对他们的轻视。蔡邕的书集中，称他的姑、姊为家姑家姊；班固的书集中，也说到家孙，现在都不这样称呼了。

原文

凡与人言，称彼祖父母、世父母①、父母及长姑，皆加尊字，自叔父母已下，则加贤字，尊卑之差也。王羲之书，称彼之母与自称己母同，不云尊字，今所非也。

注释

①世父母：伯父、伯母。

译文

凡与人言谈，提到对方的祖父母、伯父母、父母及长姑，都在称呼前面加"尊"字，从叔父母以下，则在称呼前面加"贤"字，这是为了表示尊卑差别。王羲之在信中，称呼别人的母亲和称呼自己的母亲时都一样，前面不加尊字，今人认为不该如此。

原文

　　南人冬至岁首，不诣丧家；若不修书，则过节束带以申慰①。北人至岁之日，重行吊礼；礼无明文，则吾不取。南人宾至不迎，相见捧手而不揖②，送客下席而已；北人迎送并至门，相见则揖，皆古之道也，吾善其迎揖。

注释

①束带：整饬衣冠，束紧衣带，表示恭敬。申慰：慰问。
②揖：作揖行礼。

译文

　　南方人在冬至和岁首这两个日子，不到办丧事的人家去；如果不写信的话，就等过了冬至、岁首，再穿戴整齐前去吊唁，以表示慰问。北方人在冬至、岁首这两个节日，特别重视行吊唁之礼，这种做法在礼仪上没有明文约束，而我觉得不可取。南方人在有客到来时不去门外迎接，宾主相见时只是拱手而不作揖，送客时也仅仅离开座席而已；北方人迎送客人都到门口，宾主相见时行礼作揖，这些都是古人所遵守的，我很欣赏这种迎送的礼节。

原文

　　昔者，王侯自称孤、寡、不穀，自兹以降，虽孔子圣师，与门人言皆称名也。后虽有臣、仆之称，行者盖亦寡焉。江南轻重①，各有谓号②，具诸《书仪》；北人多称名者，乃古之遗风，吾善其称名焉。

注释

①轻重：地位的高低。
②谓号：别名。

译文

　　以前，帝王、诸侯都自称为孤、寡、不穀，从那以后，即使是孔子这样的至圣先师，与他的门徒们谈话时也直呼自己的名字。后来虽然有人自称为臣、仆，但这样做的人大约也并不多见。江南之人不论尊卑贵贱，都各有称呼，这都记载在《书仪》中。北方人则大多以名自称，这是古代的遗风遗俗，我欣赏他们直呼自己名字的做法。

原文

　　言及先人，理当感慕，古者之所易，今人之所难。江南人事不获已，须言阀阅①，必以文翰，罕有面论者。北人无何②便尔话说，及相访问。如此之事，不可加于人也。人加诸己，则当避之。名位未高，如为勋贵所逼，隐忍方便，速报取了；勿使烦重，感辱祖父。若没③，言须及者，则敛容肃坐，称大门中④，世父、叔父则称从兄弟门中，兄弟则称亡者子某门中，各以其尊卑轻重为容色之节，皆变于常。若与君言，虽变于色，犹云亡祖亡伯亡叔也。吾见名士，亦有呼其亡兄弟为兄子弟子门中者，亦未为安贴也。北土风俗，都不行此。太山⑤羊侃，梁初入南；吾近至邺，其兄子肃访侃委曲⑥，吾答之云："卿从门中在梁，如此如此。"肃曰："是我亲第七亡叔，非从也。"祖孝徵在座，先知江南风俗，乃谓之云："贤从弟门中，何故不解？"

注释

①不获已：不得已，没有办法。阀阅：指家世。
②无何：无故。
③没：去世。
④大门中：对别人称自己已故的祖父和父亲。后文"门中"，都是称家族中的死者。

⑤太山：即泰山。

⑥委曲：事情的经过。

译文

　　每当提到祖先的名字，按常规应当有悼念追思之情，这对古人来说是很容易的事情，而现在的人却觉得困难。江南人除非万不得已，必须谈论家世，也一定是用书信的方式，很少当面议论的。北方人则没什么缘由便想找人聊天，就会互相访问。这种事情各人有各人的习惯，不可以强加于人。如果别人把这样的事强加于你，就应当尽力设法予以回避。如果自己的名声地位都不高，又遇到权贵逼迫而必须言及家世，你可以暂且忍耐，随机应变，做一些言简意赅的回答，尽快结束谈话，不要让这种谈话变得繁复，使自己的祖辈和父辈受到污辱。如果自己的祖父、父亲已经去世，在必须提及他们的时候，就要表情严肃，坐得端正，口称"大门中"；提及去世的伯父、叔父，就称"从兄弟门中"；提到已过世的兄弟，则称死者儿子"某某门中"，并且要根据他们身份的高低、地位的贵贱，来定夺自己在表情流露上应该掌握的分寸，与平时的神情都要有所不同。如果与君王谈起自己已故的长辈，虽然也要表露出神色的变化，但还是称他们为亡祖、亡伯、亡叔。我看见一些名士，也有将已故的兄、弟称作兄子"某某门中"或弟子"某某门中"，这也是不太合适的。北方地区的风俗，都不这样称呼。泰山郡有个羊侃，在梁朝初年到了南方。最近我到过邺城，羊侃哥哥的儿子羊肃来向我询问羊侃的具体情况，我回答他说："您的从门中在梁朝的情况如何如何。"羊肃说："他是我的亲第七亡叔，不是堂叔。"当时祖孝徵也在座，他早就知道江南的风俗，就对羊肃说："就是指贤从弟门中，您怎么不理解呢？"

风操第六

原文

　　古人皆呼伯父叔父，而今世多单呼伯叔。从父①兄弟姊妹已孤，而对其前，呼其母为伯叔母，此不可避者也。兄弟之子已孤，与他人言，对孤者前，呼为兄子弟子，颇为不忍；北土人多呼为侄。按：《尔雅》《丧服经》《左传》，侄虽名通男女，并是对姑之称，晋世已来，始呼叔侄；今呼为侄，于理为胜也。

注释

①从父：伯父、叔父的通称。

译文

　　古时候的人都称呼伯父、叔父，现在的人大部分只单称伯、叔。如果伯父、叔父的子女父亲死后，那么在他们面前说话的时候，称他们的母亲为伯母、叔母，这是无法避免的。假如兄弟的儿子丧父，你在当着他们的面与别人讲话时，直称他们为兄之子或弟之子，也是很不礼貌的；北方人大多叫他们为"侄"。据考查：在《尔雅》《丧服经》《左传》

等书中，"侄"的称呼虽说男女都可以通用，但都是相对于姑姑而言。晋代以来，才开始有"叔侄"的称呼；现在统称为"侄"，从情理上说是更合适的。

原文

别易会难，古人所重；江南饯送，下泣言离。有王子侯[①]，梁武帝弟，出为东郡，与武帝别，帝曰："我年已老，与汝分张[②]，甚以恻怆。"数行泪下。侯遂密云[③]，赧然而出。坐此被责，飘飘舟渚，一百许日，卒不得去。

北间风俗，不屑此事，歧路[④]言离，欢笑分首[⑤]。然人性自有少涕泪者，肠虽欲绝，目犹烂然；如此之人，不可强责。

注释

①王子侯：皇室所封列侯。《汉书》有王子侯表。

②分张：分别。

③密云：无泪，指故作悲凄之态而不掉泪。

④歧路：从大路上分出来的小路、岔路。

⑤分首：即分手。

译文

离别时容易相见难，因此古人很看重离别的感情。江南地区在为人饯行送别时，谈到分离就掉眼泪。王子侯是梁武帝的弟弟，他在前往东边的州郡任职之前，去向梁武帝告

别。梁武帝说:"我年纪大了,与你分别,非常伤心。"说完,两行眼泪就流了下来。王子侯也显出悲伤的样子,却挤不出眼泪,只能面有愧色地红着脸离开了。他因为这件事而受到指责,坐船在停泊处漂荡了一百多天,终于还是不能离开。

北方的习惯,就不屑于离别的凄切,在岔道口说起别离,欢笑着分手。当然,有的人天生就不爱流泪,即使悲痛得肠断欲绝,两眼依然炯炯有神。对这样的人,就不能勉强和指责他。

原文

　　凡亲属名称,皆须粉墨①,不可滥也。无风教②者,其父已孤,呼外祖父母与祖父母同,使人为其不喜闻也。虽质于面,皆当加外以别之;父母之世叔父③,皆当加其次第以别之;父母之世叔母,皆当加其姓以别之;父母之群从世叔父母及从祖父母,皆当加其爵位若姓以别之。河北士人,皆呼外祖父母为家公家母,江南田里间亦言之。以家代外,非吾所识。

注释

①粉墨:本指白、黑两种颜色。这里指相互区别。
②风教:风俗,教化。
③世叔父:世父和叔父。世父:指伯父。

译文

　　凡是亲属的名称,都应该有所区别,不可滥用。没有教养的人,在祖父、祖母去世后,对外祖父、外祖母的称呼与祖父、祖母一个样,让人听了不顺耳。即使当着外祖父、外祖母的面,在称呼上都应加"外"字以示区别;父母亲的伯父、叔父,都应当在称呼前加上排行顺序以示区别;父母亲的伯母、叔母,都应当在称呼前加上他们的姓以示区别;父母亲的子侄辈的伯父、叔父、伯母、叔母以及他们的从祖父母,都应当在称呼前加上他们的爵位和姓以示区别。黄河以北的男子,都称外祖父、外祖母为家公、家母;江南的乡间也是这样称呼。用"家"字代替了"外"字,这我就不明白了。

原文

　　凡宗亲世数①,有从父②,有从祖③,有族祖④。江南风俗,自兹已往,高秩⑤者,通呼为尊;同昭穆⑥者,虽百世犹称兄弟;若对他人称之,皆云族人。河北士人,虽三二十世,犹呼为从伯从叔。梁武帝尝问一中士⑦人曰："卿北人，何故不知有族？"答云："骨肉易疏，不忍言族耳。"当时虽为敏对，于礼未通。

注释

①宗亲：同宗亲属。世：父子一辈为一世。

②从父：伯父、叔父统称从父。

③从祖：父亲的堂伯叔。

④族祖：祖父的堂伯叔。

⑤秩：官吏的俸禄。这里指官吏的职位或品级。

⑥昭穆：古代宗法制度，宗庙或墓地的辈次排列。后亦泛指家族的辈分。

⑦中土：指中原地区。

译文

宗族亲属的世系辈数，有从父，有从祖，有族祖。江南的风俗，由此而往，对官职高的，通称为尊；同辈分相同的，虽然隔了一百代，仍然称为兄弟；如果对外人介绍，则都称作族人。河北地区的男子，虽然已隔二三十代，仍然称从伯从叔。梁武帝曾经问一位中原人说："你是北方人，为什么不知道有'族'这种称呼呢？"他回答说："骨肉的关系容易疏远，所以我不忍心用'族'来称呼。"这在当时虽然是一种机敏的回答，但从道理上却是讲不通的。

原文

吾尝问周弘让曰："父母中外①姊妹，何以称之？"周曰："亦呼为丈人②。"自古未见丈人之称施于妇人也。吾亲表所行，若父属者，为某姓姑；母属者，为某姓姨。中外丈人之妇，猥俗呼为丈母③，士大夫谓之王母、谢母云④。而《陆机集》有《与长沙顾母书》，乃其从叔母也，今所不行。齐朝士子，皆呼祖仆射⑤为祖公，全不嫌有所涉也，乃有对面以相戏者。

注释

①中外：一称中表，即内外之意。舅父之子为内兄弟，姑母之子为外兄弟。

②丈人：这里指对亲戚长辈的通称。

③丈母：这里指父辈的妻子。

④王母、谢母：这里指王姓母、谢姓母。

⑤祖仆射（yè）：指祖珽，东魏到北齐时期大臣、诗人。仆射：职官名。

译文

我曾经问周弘让说："父母亲中的表姊妹，如何称呼？"周弘让回答说："也把他们称

作丈人。"自古以来没有见过把女人叫丈人的。我的亲表们所奉行的称呼是：如果是父亲的表姊妹，就称她为某姓姑；如果是母亲的表姊妹，就称她为某姓姨。父母表兄弟的妻子，俚俗称她们为丈母，士大夫则称她们作王母、谢母等等。而《陆机集》中有《与长沙顾母书》，顾母就是陆机的从叔母，现在不这样称呼了。齐朝的士大夫们，都称祖珽为祖公，完全不顾这样称呼会有所牵涉，甚至还有当着祖珽的面用这种称呼开玩笑的。

原文

　　古者，名以正体，字以表德，名终则讳之，字乃可以为孙氏。孔子弟子记事者，皆称仲尼；吕后微时，尝字高祖为季；至汉爰种，字其叔父曰丝；王丹与侯霸子语，字霸为君房；江南至今不讳字也。河北士人全不辨之，名亦呼为字，字固呼为字。尚书王元景兄弟，皆号名人，其父名云，字罗汉，一皆讳之，其余不足怪也。

译文

　　古代，名是用来表明本身的，字是用来表示德行的。人死之后，后人要避讳他的名，而他的字却可以作为孙辈的氏。孔子的弟子在记录孔子言行的时候，都称孔子的字"仲尼"；吕后还是百姓时，曾称汉高祖的字"季"；汉人爰种，直称他叔父的字"丝"；王丹和侯霸的儿子谈话，称侯霸的字"君房"。江南地区至今对称字也不避讳。而黄河以北地区的士人对名和字则完全不加以区别，名也叫作字，字自然也叫作字。尚书王元景兄弟，都号称名人，他们的父亲名云，字罗汉，他们（对父亲的名和字）一概避讳，其他人不能分出差别，也就不怪了。

原文

　　《礼·间传》云："斩缞之哭①，若往而不反；齐缞之哭②，若往而反；大功之哭③，三曲而偯④；小功缌麻⑤，哀容可也，此哀之发于声音也。"《孝经》云："哭不偯。"皆论哭有轻重质文之声也。礼以哭有言者为号，然则哭亦有辞也。江南丧哭，时有哀诉之言耳；山东重丧，则唯呼苍天，期功以下⑥，则唯呼痛深，便是号而不哭。

注释

①斩缞（cuī）：古代五种丧服之首，用粗麻制成，左、右、下不缝。子、未嫁女对父母，媳妇对公婆，承重孙对祖父母，妻对夫都服斩缞。
②齐（zī）缞：古代五种丧服之一，次于斩缞，用粗麻制成，因缉边缝齐称齐缞。继母、慈母之丧

时服期三年，祖父母、妻、庶母之丧时服期一年，曾祖父母之丧时服期五月，高祖父母之丧时服期三月。

③大功：古代五种丧服之一，用熟麻制成，较齐缞细，较小功粗，故称大功。旧时堂兄弟、未婚堂姊妹、已婚的姑、姊妹、侄女及众孙、众子妇、侄妇之丧时服大功，服期为九个月。

④偯（yǐ）：哭声的尾声。

⑤小功：古代五种丧服之一，用较粗的熟布制成，比大功细，较缌麻粗，服期五个月。缌（sī）麻：古代五种丧服之最轻者，用熟布制成，比小功细。凡疏远亲属、亲戚之丧时服缌麻，服期三个月。

⑥期（jī）：一年，指服丧一年。功：指大功和小功两种丧服。

译文

据《礼记·间传》中说："穿斩缞这种丧服服丧时，要痛哭到气竭，好像再也哭不出第二声一样；穿齐缞这种丧服服丧时，要哭得死去活来；穿大功这种丧服服丧时，要哭得拖长尾音，一声三折；穿小功、缌麻这两种丧服服丧时，只要表现出哀痛的神情就够了，这是哀痛之情在声音上的表现。"据《孝经》中说："孝子丧亲，哭声要不拖尾音。"这都是在论述哭声的轻、重、直接、含蓄的分别。礼制中把边哭边哀诉称为"号"，这样，在哭时也可以有言辞。江南人在服丧痛哭时，经常会夹杂着哀诉的话语；北方人在服重丧时，只是呼天抢地，服一年以下的轻丧时，则只呼悲痛深重，也就是哀号而不哭泣。

原文

江南凡遭重丧，若相知者，同在城邑，三日不吊则绝之；除丧①，虽相遇则避之。怨其不己悯也。有故及道遥者，致书可也；无书亦如之②。北俗则不尔。江南凡吊者，主人之外，不识者不执手；识轻服③而不识主人，则不于会所④而吊，他日修名⑤诣其家。

注释

①除丧：脱下丧礼之服。

②如之：如同那样，即如同对待"三日不吊"者一样。

③轻服：五种丧服中较轻的几种，如大功、小功、缌麻之类。

④会所：聚会的场所。这里指治丧的地方。

⑤名：名刺。即今天的名片。

译文

江南地区，凡遭逢重丧的人家，如果是与他家相认识的人，又同住在一个城镇里，三天之内不去吊丧，丧家就会与他断绝交往。丧家的人除掉丧服，与他在路上相遇，也要避开他，因为恨他不怜恤自己。如果是另有原因或道路遥远而未能前来吊丧者，可以写信来表示慰问；不来信的，丧家也会一样对待他。北方的风俗则不是这样。江南地区凡来吊丧者，除了主人之外，对不认识的人就不握手；如果只认识披戴较轻丧服的人而不认识主人，就不到灵堂去吊丧，改天准备好名刺再上他家去表示慰问。

原文

阴阳说①云："辰为水墓，又为土墓，故不得哭。"王充《论衡》云："辰日不哭，哭则重丧。"今无教者，辰日有丧，不问轻重，举家清谧②，不敢发声，以辞吊客。道书又曰："晦歌朔③哭，皆当有罪，天夺其算④。"丧家朔望⑤，哀感弥深，宁当惜寿，又不哭也？亦不谕。

注释

①说：《群书类编故事》卷二"说"作"家"。

②清谧：清静。

③晦：阴历每月的最后一天。朔：阴历每月初一。

④算：寿命。

⑤望：农历每月十五。

译文

　　阴阳家说："辰为水墓，又为土墓，所以辰日不得哭泣。"王充的《论衡》说："辰日不能哭泣，哭泣就一定会再死人。"而今那些没有教养的人，辰日遇到丧事，不问轻丧重丧，全家都静悄悄的，不敢发出哭声，并谢绝吊丧的客人。道家典籍说："晦日唱歌，朔日哭泣，都是有罪的，老天要减损他的寿命。"丧家在朔日、望日，悲痛万分，难道因为珍惜寿命，就不哭泣了吗？真令人难以理解。

原文

　　偏傍之书①，死有归杀②。子孙逃窜，莫肯在家；画瓦书符，作诸厌胜③；丧出之日，门前然④火，户外列灰⑤，被⑥送家鬼，章断注连⑦。凡如此比，不近有情，乃儒雅⑧之罪人，弹议⑨所当加也。

注释

①偏傍之书：指旁门左道的书。偏傍：不正。

②归杀：旧时民间的一种迷信说法，人死之后若干日灵魂回家一次叫"归杀"。

③厌胜：古代的一种巫术，以咒语制服、压服人或物。

④然：通"燃"，点燃。

⑤户外列灰：在门外铺灰，以观死人魂魄之迹。

⑥被（fú）：古代除灾祈福的一种仪式。

⑦章断注连：向上天上书以求断绝死者之殃染及旁人。注连：传染的意思，指一人得病而死，另一人也得此病。

⑧儒雅：儒学正统。

⑨弹议：批评，议论。

译文

　　旁门左道的书籍说：人死之后，灵魂会在某一天回家一次。这一天，家中子孙们都逃避在外，谁都不肯待在家里；又说：用画瓦和书符的办法可以镇邪，用诅咒可以制妖；还说，出殡的时候，门前要燃火，屋外要铺灰，还要举行仪式来送走家鬼，写奏折向上天祈求断绝死者的殃祸延及家人。诸如此类的行为，都不近情理，是儒术的罪人，应当对之进行批判。

原文

> 己孤，而履岁及长至之节①，无父，拜母、祖父母、世叔父母、姑、兄、姊，则皆泣；无母，拜父、外祖父母、舅、姨、兄、姊，亦如之。此人情也。

注释

①履岁：一年的开始，指元旦。长至：夏至别称。因为夏至后日渐短，冬至后日渐长，冬至也叫长至。此处指冬至。

译文

父亲或母亲去世后，在元旦和冬至这两个日子里，如果没有了父亲，拜见母亲、祖父母、伯叔父母、姑母、兄长、姐姐时都要哭泣；如果没有了母亲，拜见父亲、外祖父母、舅父、姨母、表兄、表姐时也要哭泣。这是人之常情。

原文

> 江左朝臣，子孙初释服①，朝见二宫②，皆当泣涕；二宫为之改容。颇有肤色充泽，无哀感者，梁武薄其为人，多被抑退。裴政出服，问讯武帝③，贬瘦枯槁④，涕泗滂沱，武帝目送之曰："裴政之父裴之礼不死也。"

注释

①释服：服丧期结束，脱下丧服的日子。
②二宫：皇帝和太子。
③问讯：僧人向人曲躬合掌致敬叫"问讯"。因为梁武帝信佛，所以裴政以僧礼拜见梁武帝。
④贬瘦：枯槁、消瘦。

译文

南朝的大臣去世后，他们的子孙服丧期满，脱下丧服，进宫朝见皇帝和太子时，都要痛哭，皇帝和太子也会动容。也有些人在朝见时容光焕发，没有表现出悲伤的感情，梁武帝鄙视他们的为人，（这些人）大多会将贬出朝廷。裴政服丧期满进宫时，以僧礼拜见梁武帝，他面容消瘦、憔悴，应答时涕泪横流。梁武帝目送他离去时说："裴政的父亲裴之礼虽死犹生啊。"

原文

　　二亲既没，所居斋寝①，子与妇弗忍入焉。北朝顿丘李构，母刘氏，夫人亡后，所住之堂，终身锁闭，弗忍开入也。夫人，宋广州刺史纂之孙女，故构犹染江南风教。其父奖，为扬州刺史，镇寿春，遇害。构尝与王松年、祖孝徵数人同集谈宴。孝徵善画，遇有纸笔，图写为人。顷之，因割鹿尾，戏截画人②以示构，而无他意。构怆然动色，便起就马而去。举坐惊骇，莫测其情。祖君寻悟，方深反侧③，当时罕有能感此者。吴郡陆襄，父闲被刑，襄终身布衣蔬饭，虽姜菜有切割，皆不忍食；居家惟以掐摘供厨。江宁姚子笃，母以烧死，终身不忍啖炙。豫章熊康，父以醉而为奴所杀，终身不复尝酒。然礼缘人情，恩由义断，亲以噎死，亦当不可绝食也。

注释

①斋寝：斋戒时居住的旁屋。
②截画人：斩断画的人像。
③反侧：惶恐不安。

译文

　　父母亲去世之后，他们生前斋戒时所居的房屋，儿子和媳妇都不忍心进去。北朝顿丘郡的李构，他母亲刘氏死后，她生前所居的屋子，李构终身将其锁闭，不忍心开门进去。李构的母亲，是宋广州刺史刘纂的孙女，所以李构仍然得到江南风教的熏陶。李构的父亲李奖，是扬州刺史，镇守寿春，被人杀害。李构曾经与王松年、祖孝徵几个人聚在一起喝酒谈天。孝徵善于画画，又有纸笔，就画了一幅人物画。过了一会儿，他因为割取宴席上的鹿尾，就开玩笑地把人像斩断给李构看，但并无他意。李构却悲痛得变了脸色，起身乘马而去了。在场的人都惊诧不已，却猜不出其中的原因。祖孝徵后来醒悟过来，李构是想起了父亲被杀的事，他深感不安，当时却很少有人能知道其中的原委。吴郡的陆襄，他的父亲陆闲遭到刑戮，陆襄终身穿布衣吃素餐，即便是生姜，如果用刀割过，他都不忍心食用；做饭只用手掐摘蔬菜供厨房之需。江宁的姚子笃，因为母亲是被烧死的，所以他终身不忍心吃烤肉。豫章的熊康，父亲因酒醉后被奴仆杀害，所以他终身不再尝酒。然而礼是因为人的感情需要而设立的，情爱则可根据事理而断绝，假如父母亲因为吃饭噎死了，也不至于因此绝食吧。

原文

　　《礼经》①：父之遗书，母之杯圈②，感其手口之泽，不忍读用。政③为常所讲习，雠校④缮写，及偏加服用，有迹可思者耳。若寻常坟典⑤，为生

什物⑥，安可悉废之乎？既不读用，无容散逸，惟当缄⑦保，以留后世耳。思鲁等第四舅母，亲吴郡张建女也，有第五妹，三岁丧母。灵床上屏风，平生旧物，屋漏沾湿，出曝晒之，女子一见，伏床流涕。家人怪其不起，乃往抱持；荐席淹渍，精神伤怛，不能饮食。将以问医，医诊脉云："肠断矣！"因尔便吐血，数日而亡。中外⑧怜之，莫不悲叹。

注释

① 《礼经》：指《礼记》。

② 杯圈：木制饮器。

③ 政：通"正"，只。

④ 雠（chóu）校：校勘。

⑤ 坟典：此指书籍。

⑥ 为生：营生。什物：常用器物。

⑦ 缄：封。

⑧ 中外：这里指家里的亲戚。

译文

《礼经》上讲：父亲遗留的书籍，母亲用过的口杯，感受到上面父母的气息，就不忍心阅读或使用。只因为这些东西是他们生前经常用来讲习、校勘以及专门使用的，有遗迹可

引发哀思罢了。如果是常用的书籍，以及各种日用品，哪能全部废弃呢？父母遗物既然不阅读使用，就不要让它们散失，应当封存保护，以留传给后代。思鲁几弟兄的四舅母，是吴邵张建的女儿，她有一位五妹，三岁时就失去了母亲。灵床上的屏风，是她母亲生前使用的旧物。这屏风因屋漏被沾湿，被拿出去曝晒，那女孩一见，就伏在床上流泪。家里人见她一直不起来，感到奇怪，就过去抱她起身，只见垫席已被泪水浸湿，女孩神色哀伤，不能饮食。家人带她去看病，医生摸过脉后说："她已经伤心断肠了！"女孩为此吐血，几天后就死了。亲属都怜惜她，无不悲伤叹息。

原文

《礼》云："忌日不乐①。"正以感慕罔极，恻怆无聊，故不接外宾，不理众务耳。必能悲惨自居，何限于深藏也？世人或端坐奥室，不妨言笑，盛营甘美，厚供斋食；迫有急卒②，密戚至交，尽无相见之理，盖不知礼意乎！

注释

①忌日：父母去世的日子。
②卒（cù）：同"猝"，仓促。

译文

《礼记》上说："在忌日不作乐。"正因为对已故父母有说不尽的思念之情，悲伤哀痛，所以这天不接待宾客，不处理事务。但要是真能自觉地做到悲伤、怀念，何必非得闭门不出呢？世间有些人虽然端坐在深室中，却并不妨碍他们谈笑，他们依旧置办丰富的美食，对逝者供奉丰厚的斋食；遇到紧迫的事，或至亲好友来访，他们却认为没有接见的道理，他们不明白礼的本质啊！

原文

魏世王修①，母以社日②亡。来岁社日，修感念哀甚，邻里闻之，为之罢社。

今二亲丧亡，偶值伏腊分至③之节，及月小晦后，忌之外，所经此日，犹应感慕④，异于余辰，不预饮宴、闻声乐及行游也。

注释

①王修：字叔治，三国北海营陵（位于今山东昌乐东南）人，官至大司农郎中令。

②社日：祭祀社神之日。

③伏腊：伏祭和腊祭之日。伏祭在夏委伏日，腊祭在农历十二月。分：春分、秋分。至：冬至、夏至。

④感慕：感伤思慕。

译文

曹魏王修的母亲是在社日当天去世的。第二年的这一天，王修深刻怀念母亲，非常悲痛。邻里乡亲听说后，为此而停止了社日的活动。

现在，父母双亲去世的日子，如果恰好正碰上伏祭、腊祭、春分、秋分、夏至、冬至这些节日，以及忌日前后三天、忌月晦日的前后三天，虽然都在忌日之外，可是应当对去世的父母感怀思慕，而与其他日子有所不同。在这些日子里，应该做到不参加宴饮、不欣赏音乐以及不出门玩乐。

原文

刘缙、缓、绥，兄弟并为名器，其父名昭，一生不为照字，惟依《尔雅》火旁作召耳。然凡文与正讳①相犯，当自可避；其有同音异字，不可悉然。刘字之下，即有昭音。吕尚②之儿，如不为上；赵壹③之子，傥不作一，便是下笔即妨，是书皆触也。

注释

①正讳：指人的正名。

②吕尚：即姜太公。吕尚本姓姜，因先祖辅佐夏禹治水有大功，被封在吕地，所以又叫吕尚。

③赵壹：字元叔，东汉辞赋家。

译文

刘缙、刘缓、刘绥三兄弟都是名人，他们的父亲名叫刘昭，所以兄弟三人便一辈子都不写照字，只是依照《尔雅》用"炤"来代替。然而凡文字与人的正名相同，自然应该避讳；如行文中出现同音异字，就不该全部避讳了。刘字的下半部分就有昭的音。吕尚的儿子如果不能写"上"字，赵壹的儿子如果不能写"一"字，便会一下笔就犯难，一写字就犯讳了。

原文

尝有甲设宴席，请乙为宾；而旦于公庭见乙之子，问之曰："尊侯早晚顾宅？"乙子称其父已往。时以为笑。如此比例，触类慎之①，不可陷于轻脱②。

注释

①触类：接触这类事。

②轻脱：不稳重，轻佻。

译文

　　曾有甲摆设宴席，请乙来做客；当他早上在朝堂遇见乙的儿子时，问他说："令尊何时能光顾我家？"乙的儿子说他父亲已经去世。当时的人都把这事当笑话说。遇到这类事，一定要谨慎对待，千万不能轻佻。

原文

　　江南风俗，儿生一期①，为制新衣，盥浴装饰，男则用弓矢纸笔，女则刀尺针缕，并加饮食之物，及珍宝服玩，置之儿前，观其发意所取，以验贪廉愚智，名之为试儿。亲表聚集，致宴享焉。自兹已后，二亲若在，每至此日，常有酒食之事耳。无教之徒，虽已孤露②，其日皆为供顿③，酣畅声乐，不知有所感伤。梁孝元年少之时，每八月六日载诞之辰④，常设斋讲⑤；自阮修容⑥薨殁之后，此事亦绝。

注释

①一期：一年。期：年。

②孤露：魏晋时人称父亡为孤露。

③供顿：设宴待客。

④载诞之辰：生日。

⑤斋讲：斋素讲经。

⑥修容：古代宫妃的位号，为九嫔之一。

译文

江南地区的风俗，孩子出生下来满一周岁，就为他量做新衣服，为他梳洗打扮。如果是男孩，就用弓箭、纸笔，如果是女孩，就用剪刀、尺子、针线，再加上食物以及珍宝、玩具等，把这些物件放在孩子的面前，观察他想要抓获什么东西，以此来检验孩子将来是贪婪还是廉洁，是愚笨还是聪明，这种测试叫作"试儿"。这一天，亲戚们都相聚在一起，主人则设宴招待他们。从这以后，如果双亲还健在，每到这一天，就要举办酒宴。那些没有教养的人，虽然父亲已经过世，到了这一天，依然摆设酒宴，尽兴痛饮，纵情声乐，而不知道应该有所感伤。梁元帝年轻的时候，每年八月六日生日这一天，总要吃斋念佛。自从他母亲阮修容去世以后，这种事也就中止了。

原文

人有忧疾，则呼天地父母，自古而然。今世讳避，触途①急切。而江东士庶，痛则称祢②。祢是父之庙号，父在无容③称庙，父殁何容辄呼？《苍颉篇》有侉字，《训诂》云："痛而謼④也，音羽罪反。"今北人痛则呼之。《声类》音于耒反，今南人痛或呼之。此二音随其乡俗，并可行也。

注释

①触途：各方面，处处。

②祢（nǐ）：亡父在宗庙中立主的称呼。

③无容：不可以。

④謼（hū）：同"呼"。

译文

人有了忧患疾病，就呼喊天地呼喊父母，自古以来就是如此。现在的人讲究避讳，情急之下都会触犯。而江东的士大夫和平民百姓，悲痛的时候就称"祢"。"祢"是已故父亲的庙号，父亲健在时不允许称庙号，父亲去世后又怎么能任意称呼他的庙号呢？《苍颉篇》有个"侉"字，《训诂》释意说："这是悲痛时呼叫的声音，发音是羽罪反。"现在北方人感到难过时就呼叫这个声音。《声类》则将"侉"字注为于耒反，现在南方人感到困苦时也有呼叫这个音的。这两种读音按照人们各自的乡俗，都是可行的。

原文

　　梁世被系劾①者，子孙弟侄，皆诣阙②三日，露跣③陈谢；子孙有官，自陈解职。子则草屩④粗衣，蓬头垢面，周章⑤道路，要候⑥执事，叩头流血，申诉冤情。若配徒隶，诸子并立草庵于所署门，不敢宁宅⑦，动经旬日，官司驱遣，然后始退。江南诸宪司弹人事，事虽不重，而以教义见辱者，或被轻系而身死狱户⑧者，皆为怨雠⑨，子孙三世不交通⑩矣。到洽为御史中丞，初欲弹刘孝绰，其兄溉先与刘善，苦谏不得，乃诣刘涕泣告别而去。

注释

①系劾：囚禁论罪。

②诣阙：去皇帝的宫殿。

③露：露髻，不戴帽子露出发髻。跣：不穿鞋。

④屩（juē）：草鞋。

⑤周章：惊恐不安，惶恐徘徊。

⑥要候：半路截拦等候。要：通"邀"。

⑦宁宅：安居在家。

⑧狱户：监狱。

⑨怨雠：仇敌。

⑩交通：交流，往来。

译文

　　梁朝被关押论罪的官吏，他的家族都要连续三天前往朝廷谢罪，而且不能戴帽子，光着脚；如果子孙中有当官的，还要主动请求解除官职。他的儿子则穿上草鞋和粗布衣服，蓬头垢面，慌张地在道路上迎候主事官员，叩头直至流血，为父亲申诉冤枉。如果被关押的人有了定论，被发配成为服苦役的罪犯，他的儿子们就一起在官署门前搭个小草棚休息，而不敢安居家中，往往一住就是十多天，直到官府前来驱逐，才从草棚退离。江南一带的诸位御史弹劾纠察官吏，有的官员案情虽不严重，只是因为教义而受弹劾之辱，或者是稍微受些牵连而遭拘囚身死狱中，这些人家便与御史结下了仇恨，双方的子孙三代都不相往来。到洽当御史中丞的时候，最初想弹劾刘孝绰。到洽哥哥到溉原先与刘孝绰关系友善，苦苦规劝到洽不要弹劾刘孝绰，却未能奏效，只得前往刘孝绰处，痛哭着向他告别后悄然离去。

原文

　　兵凶战危，非安全之道。古者，天子丧服以临师，将军凿凶门而出①。父祖伯叔，若在军阵，贬损自居②，不宜奏乐宴会及婚冠吉庆事也③。若居

围城之中，憔悴容色，除去饰玩，常为临深履薄之状焉④。父母疾笃，医虽贱虽少，则涕泣而拜之，以求哀也。梁孝元在江州，尝有不豫⑤，世子方等亲拜中兵参军李猷焉。

注释

①凶门：古代将军出征时凿一扇朝北的门，由此出发，像办丧事一样，以示死战决心。

②贬损：抑制。

③冠：冠礼。古代男子二十岁行结发戴冠的成人礼。

④临深履薄："如临深渊，如履薄冰"的缩语，形容小心翼翼、战战兢兢。

⑤不豫：指天子有病，古代天子生病为"不豫"。

译文

兵器是凶险的，战争是危险的，都不是安全之道。古代打仗前，天子要穿丧服视察军队，将军要先凿开一扇朝北的凶门，然后才率军队由此出征。自己的父祖、伯叔如果在军队里，那么日常生活就要自我约束，不能奏乐以及参加宴会和婚礼、冠礼等庆祝活动。如果他们被围困在城邑中，（自己）就要面容憔悴，除去身上的饰品玩物，时时显现出小心翼翼、战战兢兢的样子。如果父母病重，即使那医生年少位卑，也应该向医生哭泣跪拜，求得他怜悯。梁孝元帝在江州时，曾生病，他的世子方等人就亲自拜求过他的下属中兵参军李猷。

原文

四海之人，结为兄弟，亦何容易。必有志均义敌，令终如始者，方可议之。一尔①之后，命子拜伏，呼为丈人②，申父友之敬；身事彼亲，亦宜加礼。比见北人，甚轻此节，行路相逢，便定昆季③，望年观貌，不择是非，至有结父为兄、托子为弟④者。

注释

①一尔：一旦如此。

②丈人：对亲戚长辈的称呼。

③昆季：指兄弟。长为昆，幼为季。

④结父为兄：与父辈结为兄。托子为弟：与子侄辈结为弟。

译文

四海异姓的朋友结拜为兄弟，这事相当困难。一定是志同道合而又始终如一的人，才可以谈论此事。一旦约定为兄弟之后，就要让自己的儿子向他伏地下拜，称他为丈人，以表现对父亲朋友的敬意；自己对结拜兄弟的父母亲，也应该以礼对待。近来我见到一些北

方人，对此事非常轻率，两个人狭路相逢，立刻就结拜为兄弟，只是问问年纪看看外表，也不辨别一下是否妥当，以致竟有把父辈视为兄长、将子侄辈当成弟弟的事。

原文

昔者，周公一沐三握发，一饭三吐餐①，以接白屋之士②，一日所见者七十余人。晋文公以沐辞竖头须，致有图反③之诮。门不停宾，古所贵也。

失教之家，阍寺④无礼，或以主君寝食嗔怒，拒客未通⑤，江南深以为耻。黄门侍郎裴之礼，号善为士大夫，有如此辈，对宾杖之。其门生僮仆，接于他人，折旋⑥俯仰，辞色应对，莫不肃敬，与主无别也。

注释

①一沐三握发，一饭三吐餐：指一次沐浴多次握其已散之发，一顿饭中间多次停食，以接待宾客。两句均形容求贤殷切。

②白屋之士：指平民。白屋：平民住的房子不加色彩等装饰，故称。

③图反：指想法反常。图：考虑。

④阍（hūn）寺：看门人。

⑤未通：不予通报。

⑥折旋：曲行。古代行礼时的动作。

译文

以前，周公宁可在洗头时多次绾起头发停下来，吃饭时多次吐出正在咀嚼的食物，去接待来访的穷困贤士，曾经在一天之内接见了七十多人。而晋文公以正在洗头为理由，拒绝接见童仆头须，头须因此而讥诮他想法反常。不使宾客停留在门前，是古人所看重的礼节。那些缺少教养的人家，看门人也没有礼貌，有的看门人以主人正在睡觉、吃饭或发脾气为借口，将来访的客人拒之门外，不为客人通报，江南人以此种做法为耻。黄门侍郎裴之礼，被称赞是能为人楷模的士大夫，他如果检查出家中仆人慢待宾客，就会当着客人的面杖罚这个仆人。他家的门人、童仆在接待宾客时，进退礼仪，言行举止，无不严肃恭敬，与主人没有一点区别。

典故品读

南冠楚囚

春秋时期，一次晋、楚在郑地交战，楚兵大败。一个名叫钟仪的楚国官员成了俘虏，被晋军囚禁起来。

钟仪虽然被囚，但他不忘自己是楚国人，每天戴着南国故乡的帽子，面南而站，昂首遥望，思念着楚国的亲人。

两年过去了，一天晋景公见到了钟仪，十分奇怪，问："这戴着南方帽子的囚犯是谁？"

官员说："他是两年前被抓来的楚国俘虏，名叫钟仪。"

晋景公听了，叫人除去钟仪所戴的刑具，对他慰问了几句，并问道："你们家族在楚国是做什么事的？"

"我家祖上是乐官。"

晋景公兴致勃勃地问："你能演奏乐曲吗？"

"这是我们家传的职业，我当然能。"

晋景公派人取来一架琴，让钟仪弹奏。钟仪整了整衣冠，端坐琴前，弹了起来。他弹的是一首楚国乐曲，有着浓郁的南国情调，充分表达了自己思念祖国的心情。

晋景公听了也很感动，问："你们楚王为人怎么样？"

"这不是我所该谈论的。"

晋景公再三询问，钟仪才说："我只知道楚王做太子的时候，对令尹公子婴齐和司马公子都很尊敬，其他的事真的不知道，请大王原谅！"晋景公点了点头便回宫了。过了些日子，他把这件事告诉了上卿范文子。范文子听后建议道："那个楚囚是个正人君子，大王不如放他回楚国去，借以促进晋、楚两国和好，结束彼此以武力相见的紧张局面。"

晋景公听从了范文子的建议，下令将钟仪放回楚国。果然，钟仪回到楚国后，在促进晋、楚两国和好中起了很大的作用。

不欺暗室

卫国的国君卫灵公，一天夜里突然听到一阵车马行驶的声音，由远而近，大约行到宫门口却无声无息了。过了一会儿又响起车马声，由近而远，慢慢地又无声无息了。卫灵公问夫人："你知道这是什么人吗？"夫人自信地说："这不会是别人，只能是大夫蘧伯玉！"

"你怎么知道一定是他呢？"

夫人说："我听说凡是臣子路过王宫门前，都要下车致敬。忠臣和孝子既不在大庭广众之下故意做样子给人家看，也不在没人的地方疏忽自己的行为。蘧伯玉是卫国有名的贤人，最为仁智，很遵守礼节。方才一定是他经过宫门，停下来表示敬意。虽然在夜间，无人看到，他仍旧那么遵守礼仪。"

卫灵公派人去问明了情况，夜里行车的果然是蘧伯玉。但他故意对夫人说："哈哈，夫人猜错了，那人不是蘧伯玉！"

夫人恭敬地说："我祝贺君王！原来我只知道卫国就一个大贤人蘧伯玉，现在看来还有一位同他一样的贤大夫。贤人越多，卫国越兴旺，所以我才祝贺君王呀！"

"原来是这样呀，你真是明智的女人啊！"卫灵公高兴地把真相告诉了她。

慕贤第七

原文

　　古人云："千载一圣，犹旦暮也；五百年一贤，犹比髆①也。"言圣贤之难得，疏阔如此。傥遭不世明达君子，安可不攀附景仰之乎？吾生于乱世，长于戎马，流离播越②，闻见已多。所值名贤，未尝不心醉魂迷③向慕之也。人在少年，神情未定，所与款狎④，熏渍陶染，言笑举动，无心于学，潜移暗化，自然似之。何况操履艺能⑤，较⑥明易习者也？是以与善人居，如入芝兰之室，久而自芳也；与恶人居，如入鲍鱼之肆，久而自臭也。墨子悲于染丝，是之谓矣。君子必慎交游焉。孔子曰："无友不如己者。"颜、闵⑦之徒，何可世得！但优于我，便足贵⑧之。

注释

①比髆（bó）：并肩，挨得近。比：并列，挨着。髆：肩。

②播越：离散，流亡。

③心醉魂迷：形容仰慕之深。

④款狎：款洽狎习。指相互间关系亲密。

⑤操履：操守德行。艺能：本领，技能。

⑥较：通"皎"，明显。

⑦颜、闵：指颜回和闵损，他们都是孔子的学生。

⑧贵：崇尚，敬重。

译文

　　古人说："一千年出一个圣人，也就像从早到晚那么快了；五百年出一个贤士，贤人多得就像一个紧接一个那么多了。"这是说圣贤稀少到如此地步。倘若碰到了人世罕有的明达君子，哪能不去攀附景仰他呢？我出生在乱世，成长于战争年代，四处漂泊，听到看到的够多了。但只要遇到有名的贤人，未尝不心醉魂迷地向往钦慕他人。年轻的时候，精神性情尚未定型，与那情投意合的朋友朝夕相伴，受其熏陶渍染，一言一笑，一举一动，虽然没有存心去学，但在潜移默化中，自然就跟朋友相似了。何况操守德行和本领技能，是明显容易学到的东西呢？因此，与善人相处，就像进入满是芝草兰花的屋子中一样，时间一长自己也变得芬芳起来；与恶人相处，就像进入满是鲍鱼的店铺一样，时间一长自己也变得腥臭起来。墨子看见人们染丝就叹惜，说的也就是这个意思。君子与人交往一定要慎重。孔子说："不要和不如自己的人交朋友。"像颜回、闵损那样的贤人，哪能够时时遇见！只要比我强，也就足以让我敬重他了。

原文

世人多蔽①，贵耳贱目，重遥轻近。少长周旋②，如有贤哲，每相狎侮，不加礼敬；他乡异县，微藉风声③，延颈企踵④，甚于饥渴。校其长短，核其精粗，或彼不能如此矣。所以鲁人谓孔子为东家丘⑤。昔虞国宫之奇，少长于君，君狎之，不纳其谏，以至亡国，不可不留心也。

注释

①蔽：蒙蔽。此处引申为不通达的识见，即偏见。
②少长：此指从年少到长大。周旋：交往。
③藉：凭借，依靠。风声：名声。
④延：伸。企踵：踮起脚后跟。
⑤东家丘：当时孔子的西邻并不知道孔子的才学，比较轻视他，所以叫"东家丘"。

译文

世上的人大多容易被蒙蔽，对传闻的东西很看重，对亲眼所见的东西则很轻视；对远处的事物很感兴趣，对近处的事物则不放在心上。从小一起长大的人，如有谁是贤能之士，人们也往往对他轻慢侮弄，而不是以礼相待；而处在远方异土的人，凭着那么点名声，就能使大家伸长脖子、踮起脚跟去朝思暮盼，那种心情似乎比饥渴还难以忍受。他们饶有兴致地评说人家的优劣，也许远处的人还不如身边的人。所以，鲁国的人称孔子为"东家丘"。从前，虞国的宫之奇年龄稍长于国君，国君就很轻视他，反而不采纳他的意见，以至亡了国，这个教训不可不牢记于心。

原文

　　用其言，弃其身，古人所耻。凡有一言一行，取于人者，皆显称之，不可窃人之美，以为己力；虽轻虽贱者，必归功焉。窃人之财，刑辟①之所处；窃人之美，鬼神之所责。

注释

①刑辟：刑法，刑律。

译文

　　听从别人的言语，却又嫌弃别人，古人认为这是非常耻辱的。凡是一句话，或一个举措，是从别人那里学来的，应该赞扬人家，不该窃取他人成果，当成自己的功劳。即使是地位低下的人，也一定要肯定他的功劳。窃取别人的钱财，会遭到刑罚的处置；窃取别人的成果，会遭到鬼神的谴责。

原文

　　梁孝元前在荆州，有丁觇者，洪亭民耳，颇善属文，殊工草隶。孝元书记，一皆使之。军府①轻贱，多未之重，耻令子弟以为楷法，时云："丁君十纸，不敌王褒②数字。"吾雅爱其手迹，常所宝持。孝元尝遣典签惠编送文章示萧祭酒③，祭酒问云："君王比赐书翰④，及写诗笔⑤，殊为佳手，姓名为谁？那得都无声问？"编以实答。子云叹曰："此人后生无比，遂不为世所称，亦是奇事。"于是闻者稍复刮目。稍仕至尚书仪曹郎⑥，末为晋安王⑦侍读，随王东下。及西台陷殁，简牍湮散，丁亦寻卒于扬州。前所轻者，后思一纸，不可得矣。

注释

① 军府：时萧绎都督六州军事，故称其治所为军府。

② 王褒：字子渊，琅琊监沂人，工书法，为时所重。

③ 典签：官名。权力甚大，称为签帅。祭酒：官名。

④ 比：近。书翰：指书信。

⑤ 诗笔：六朝人以诗笔对言，笔指无韵之文。

⑥ 仪曹郎：职官名。

⑦ 晋安王：梁简文帝萧纲于梁天监五年封晋安王。

译文

　　梁孝元帝在荆州时，曾经有一位叫丁觇的人，是洪亭那个地方的人。他很会写文章，尤其擅长草书和隶书。孝元帝的文书抄写，全都是由他负责。军府中的人看不起他，耻于让自己的子弟去临习他的书法。当时有这样的说法："丁觇写满字的十张纸，抵不上王褒的几个字。"我却非常喜欢丁觇的书法墨宝，常常把它们收藏起来。孝元帝曾经派典签惠编把文章送给祭酒萧子云看。萧子云问惠编："君王近来常有书信赐给我，里面的诗歌文章、书法都非常漂亮，实在是一位非常出色的人才，那人姓甚名谁？"惠编据实回答。子云十分动情地说："这个人在年轻人中无与伦比，竟然不被世人所称道，实在是一件怪事。"别的人听了萧子云这样的评价以后，才改变对丁觇的认识。后来，丁觇也渐渐官至尚书仪曹郎，后来担任晋安王的伴读，追随着晋安王顺江东下。等到后来西台陷落的时候，那些文书、竹简、礼札都丢失了，丁觇不久也死于扬州。以前那些看不起他的人，想再得到他的只字片纸，也是不可复得了。

原文

　　侯景初入建业，台门①虽闭，公私草扰，各不自全。太子左卫率羊侃坐东掖门，部分经略②，一宿皆办，遂得百余日抗拒凶逆。于时，城内四万许人，王公朝士，不下一百，便是恃侃一人安之，其相去如此。古人云："巢父、许由③，让于天下；市道小人，争一钱之利。"亦已悬④矣。

注释

①台门：台城的城门。朝廷禁近之地称台。

②部分：部署处分。经略：策划处理。

③巢父、许由：俱为唐尧时人，尧以天下让此二人，皆不受。

④悬：悬殊。

译文

　　侯景刚进入建业城的时候，城门紧紧地关闭，即使这样，城内的官吏和百姓一片狼藉，人人都在担心自己的安危。这时，太子左卫率羊侃坐镇东掖门，他在那里部署策划防守事务，一夜之间就谋划好了。因此，争取到一百多天的时间来抵御凶恶的侯景之乱。当时，城里面有四万多人，王公大臣、朝中命官不下一百多人，但就凭着羊侃一个人平复了局势，他们的差距竟到了如此地步。古人说："巢父、许由，把天下让给别人；而市道小人，却为一钱之利争执不休。"这其中，人与人之间的差距就更大了。

原文

　　齐文宣帝即位数年，便沉湎纵恣，略无纲纪；尚能委政尚书令杨遵彦，内外清谧，朝野晏如，各得其所，物无异议，终天保①之朝。遵彦后为孝昭②所戮，刑政于是衰矣。斛律明月，齐朝折冲③之臣，无罪被诛，将士解体，周人始有吞齐之志，关中至今誉之。此人用兵，岂止万夫之望④而已哉！国之存亡，系其生死。

注释

①天保：北齐文宣帝年号。

②孝昭：北齐孝昭帝，名高演，字延安。

③折冲：使敌人的战车后撤，即击退敌军。冲：战车的一种。
④万夫之望：众望所归的意思。

译文

　　齐文宣帝登上皇位没几年，就沉溺于酒色，放纵恣肆，目无章纪。但他总算还能把政事授权尚书令杨遵彦处理，所以朝廷内外倒也平静，朝野上下安然，人人各得其所，没有引起什么动乱，最终保全了天保王朝。后来杨遵彦被孝昭帝所杀，国家的法律也因此而废弛了。斛律明月是齐朝安邦制敌的将帅，可他却无罪被杀，军队将士因而人心涣散，这使北周萌发了吞并北齐的念头。而关中的人民，至今仍对斛律明月赞不绝口。这个人用兵打仗，又岂止是众望所归！他的生死存亡可关系到国家的存亡大计。

原文

> 　　张延隽之为晋州行台①左丞。匡维主将，镇抚疆埸②，储积器用，爱活黎民，隐③若敌国矣。群小不得行志，同力迁之。既代之后，公私扰乱，周师一举，此镇先平。齐亡之迹，启于是矣。

注释

①行台：南北朝时，凡朝廷遣大臣督诸军于外，谓之行台。
②疆埸（yì）：国界。
③隐：威重之貌。敌国：与国相匹敌。

译文

　　张延隽（jùn）在任晋州行台左丞时，严加管理扶持主将，镇守边疆国界，储积物资，爱惜黎民百姓，使晋州坚稳威重可与一国相匹敌。而一些无耻小人因为不能随心所欲便大力排挤他。后来，张延隽被取代了，晋州上下一片危机，北周一举兵，晋州就被扫平了。齐朝大势已去就是从这里开始了。

典故品读

率马以骥

　　三国时期，魏国有个州官，名叫杜畿。他从小失去生母，尽管继母对他很苛刻，但他仍然很孝顺继母。

　　二十岁那年，他在县里做县令。当时监狱里囚禁着几百人，杜畿亲自去狱中察看，根据罪行的轻重，该放的都放了。郡中的人们都对杜畿办事果断而感到惊奇。他的继母死后，他为继母送葬，走在半路遇到强盗拦路抢劫，同行的人全吓跑了，他独自站着不动。他对那伙强盗说："你们为的是财，我现在是给亡母送葬，什么东西也没有。"强盗听了他的话，都溜走了。

后来，杜畿由荀彧推荐，被曹操任命为河东太守。当时曹操有个宠臣，名叫刘勋，他听说河东产大枣，就向杜畿索要。杜畿写信婉言相拒。后来刘勋犯法被处死，曹操见到杜畿的那封信，对他的不献媚宠臣、不结私好的品格甚为赞赏，于是曹操发了一篇文告《下州郡》来表扬杜畿。曹操说："从前孔夫子对于颜回，每次谈到他都要加以赞美。这不仅是孔子发自内心的喜爱，而且也是如同在马群之中，找出千里马作为领头的一样。现在我也希望大家仰慕高山，学习杜畿的好品德。"

子贡尊师重道

一天，鲁国大夫叔孙武叔在朝廷中对其他官员说："大家都说孔子了不起，我看子贡比他的老师强。"

子服景伯听说此话后，转达给子贡听。子贡不以为然地笑笑说："此话就不对啦，我怎么赶得上老师呢？拿房屋的围墙来比喻吧，我家的围墙只有齐肩膀那么高，谁都可以看见里面房屋的美好。而我的老师的围墙却有几丈高，人们又找不着大门进去，那就看不见他那宗庙的壮美和房舍的多种多样啦。能够找着大门进去的人或许不多吧。因此，叔孙武叔老先生那么说，不也是很自然的吗？"子服景伯觉得子贡的比喻既新鲜又贴切。后来，子贡听见大夫叔孙武叔毁谤自己的尊师孔子，心里很是气愤，他找到叔孙武叔说："先生您不要这样做！仲尼老师是毁谤不了的。别人的贤能好比小山丘，还可以超过；仲尼老师却好比太阳和月亮一样，是没办法超过的。有人纵然想自绝于太阳、月亮，可那对于太阳、月亮又有什么损害呢？只是看出他太不自量力罢了！"

又有一次，有人对子贡说："您对仲尼那么恭敬，难道他真比您强吗？"子贡说："君子说一句话可以表现他聪明，也可以说一句话表现他不聪明，由此可见，说话是不能不谨慎的。我的老师不可赶上，如同上天不能用梯子一级一级地爬上去一样。我的老师如果当上国家的君主或得到采邑成为卿大夫，他要百姓在社会上站住脚跟，百姓自然便都站住脚跟。若引导百姓前进，百姓自然都跟着前进；若安抚百姓，百姓自然都会前来投奔；若动员百姓，百姓自然会同心协力。他老人别人怎么能赶得上呢？"

勉学第八

颜氏家训

原文

　　自古明王圣帝犹须勤学，况凡庶乎！此事遍于经史，吾亦不能郑重①，聊举近世切要，以启寤②汝耳。士大夫子弟，数岁已上，莫不被教，多者或至《礼》《传》，少者不失《诗》《论》。及至冠婚，体性稍定；因此天机，倍须训诱。有志尚者，遂能磨砺，以就素业；无履立者，自兹堕慢③，便为凡人。人生在世，会当有业：农民则计量耕稼，商贾则讨论货贿，工巧则致精器用，伎艺则沈思法术，武夫则惯习弓马，文士则讲议经书。多见士大夫耻涉农商，差务工伎，射则不能穿札，笔则才记姓名，饱食醉酒，忽忽无事，以此销日，以此终年。或因家世余绪，得一阶半级，便自为足，全忘修学；及有吉凶大事，议论得失，蒙然张口，如坐云雾；公私宴集，谈古赋诗，塞默低头，欠伸而已。有识旁观，代其入地④。何惜数年勤学，长受一生愧辱哉！

注释

①郑重：这里是频繁的意思。
②寤：通"悟"，醒悟。
③堕慢：懒惰散漫。堕：通"惰"，懒惰。
④入地：羞愧地想钻到地下去。

译文

　　古时的圣明帝王，尚且需要努力奋斗，何况普通百姓呢！这类事在经籍史书中到处可见，我也不想过多例举，姑且举几个近世紧要的事说明一下，借以启发点悟你们。士

大夫家的子弟，长到几岁以后，没有不受教育的，学得多的学了《礼记》《左传》，学得少的也不会少于《诗经》《论语》。等到他们二十岁行冠礼或结婚以后身体性情逐渐成熟，应根据他们的本性，加倍对他们进行教育和指导。那些有志向求上进的，就能经受磨炼，成就事业；那些没有毅力的，从此懒惰下去，就成了平庸的人。人生在世，都应当有自身的职业：农民要琢磨怎样耕田种地，商贩要商讨买卖生财之道，能工巧匠要精心制作器具，艺人要深入研习技艺，武士要熟悉骑马射箭，文人要讲论儒家经典。我经常见到不少士大夫耻于从事农商，又羞于研习手工技艺，射箭连铠甲上的叶片也射不穿，动笔仅仅能写出自己的名字，整天花天酒地，恍恍惚惚，无所事事，以此消磨时光，以此结束自己的一辈子。有的人靠着祖上的荫庇，得到了一官半职，便自我丧失斗志，完全忘记了学习修业，以致碰上吉凶大事，与人议论得失时，就懵懵懂懂，张口结舌，如坠云雾之中。在各种公私宴会上，大家谈古论今，吟诗作赋，他却像被塞住了嘴一样，低头不语，只好打哈欠、伸懒腰替代罢了。那些有见识的旁观者，都为他羞得恨不能钻到地下去。这些人为什么舍不得苦学几年，而宁愿长受一生的愧辱呢！

原文

梁朝全盛之时，贵游子弟，多无学术，至于谚云："上车不落则著作，体中何如①则秘书。"无不熏衣剃面，傅粉施朱，驾长檐车，跟高齿屐，坐棋子方褥，凭斑丝隐囊，列器玩于左右，从容出入，望若神仙。明经求第②，则顾人答策③；三九④公宴，则假手赋诗。当尔之时，亦快士⑤也。及离乱之后，朝市迁革。铨衡⑥选举，非复曩⑦者之亲；当路秉权，不见昔时之党。求诸身而无所得，施之世而无所用。被褐而丧珠，失皮而露质，兀若枯木，泊若穷流，鹿独⑧戎马之间，转死沟壑之际。当尔之时，诚驽材也。有学艺者，触地而安。自荒乱以来，诸见俘虏，虽百世小人，知读《论语》《孝经》者，尚为人师；虽千载冠冕，不晓书记者，莫不耕田养马。以此观之，安可不自勉耶？若能常保数百卷书，千载终不为小人也。

注释

①著作：即著作郎，官名，掌编纂国史。体中何如：当时书信中的客套话。

②明经求第：六朝以明经取士。

③顾：通"雇"。答策：对策。

④三九：三公九卿。

⑤快士：优秀人物。

⑥铨衡：衡量，品评。

⑦曩：从前。

⑧鹿独：颠沛流离的样子。

译文

梁朝鼎盛时期，没有官职的贵族子弟，大部分不学无术，所以有谚语说："只要登车不跌跤，便可当著作郎；只要能写问候语的人，便可当秘书。"这些贵族子弟没有一个不以香料熏衣，修剃脸面，涂脂抹粉，乘坐长檐车，穿戴高齿屐，坐在方格图案的丝绸坐褥上，倚着杂色丝织靠枕，身边摆着各种古玩，从容地进进出出，看上去好似神仙一样。到参加明经科考以求取功名的时候，他们就雇人顶替自己回答策问；在达官显贵出席的宴会上，他们就请别人代替自己吟诗作赋。这种时候，他们也倒像个人物。等到动乱之后，改朝换代，选人用人的不是往日的亲朋；当政掌权的，不再是过去的朋友。此时，这些贵族子弟想靠自己去求得一官半职，却无能为力；想在社会上施展才华，又身无长技。他们只能身穿粗布衣服，剥下华丽的外表，露出无能的本质，呆头呆脑像枯槁的木头，有气无力像快要干涸的水流，在兵荒马乱之中颠沛流离，最后抛尸于荒山野岭之中。这时候，这些贵族子弟的确成了蠢材。而有学识、有技艺的人，则到处可以安身。自从乱世以来，我见过不少俘虏。即使世代是下等人，只要懂得《孝经》《论语》，还可以给别人当老师；即使是年代久远的世家大族，只要不会写文章，只好去耕田养马。由此推论，人们怎能不自励自勉、努力学习呢？如果能够经常进行几百卷书籍研读，就是再过一千年也不会成为卑贱之人。

原文

　　夫明"六经"之指①，涉百家之书，纵不能增益德行，敦厉风俗，犹为一艺②，得以自资。父兄不可常依，乡国不可常保，一旦流离，无人庇荫，当自求诸身耳。谚曰："积财千万，不如薄伎③在身。"伎之易习而可贵者，无过读书也。世人不问愚智，皆欲识人之多，见事之广，而不肯读书，是犹求饱而懒营馔，欲暖而惰裁衣也。夫读书之人，自羲、农已来，宇宙之

下，凡识几人，凡见几事，生民之成败好恶，固不足论，天地所不能藏，鬼神所不能隐也。

注释

①六经之指：六经，指《诗》《书》《乐》《易》《礼》《春秋》。指：通"旨"，要义。

②艺：才艺，才能。

③伎：通"技"，技艺。

译文

　　精读"六经"旨意、涉猎百家著述的人，即使不能增加品德修养，砥砺世风习俗，仍算有一技之长，可借此自谋生计。父亲兄长不能终生依赖，家乡和国家不能常保无事，一旦流离失所，没有人庇护救济时，就得靠自己了。俗话说："积蓄千万财产，不如身有薄技。"易于学习而又可贵的本事没有比得上读书的。世人不管愚蠢的还是聪明的，都希望认识的人多，见识的事广，却不愿读书，这就好像想饱餐却懒得做饭，想身体暖却懒得裁衣一样。读书人能从书中知晓自伏羲、神农以来，在这世界上发生过的各种事，对一般人的成败好恶，他们看得很清楚，这不用详述了，即使天地的事也不能在他们眼中隐避，就是鬼神的事也不能在他们眼前躲藏。

原文

　　有客难主人①曰："吾见强弩长戟，诛罪安民，以取公侯者有矣；文义②习吏，匡时富国，以取卿相者有矣；学备古今，才兼文武，身无禄位，妻子饥寒者，不可胜数，安足贵学乎？"

　　主人对曰："夫命之穷达，犹金玉木石也；修以学艺，犹磨莹雕刻也。金玉之磨莹，自美其矿璞③；木石之段块，自丑其雕刻。安可言木石之雕刻，乃胜金玉之矿璞哉？不得以有学之贫贱，比于无学之富贵也。且负甲为兵，咋笔④为吏，身死名灭者如牛毛，角立杰出者如芝草；握素披黄⑤，吟道咏德，苦辛无益者如日蚀，逸乐名利者如秋荼，岂得同年⑥而语矣。且又闻之：生而知之者上，学而知之者次。所以学者，欲其多知明达耳。必有天才，拔群出类，为将则暗与孙武、吴起同术，执政则悬得管仲、子产之教，虽未读书，吾亦谓之学矣。今子即不能然，不师古之踪迹，犹蒙被而卧耳。"

注释

①主人：作者自称。

②文：文饰，这里指阐释。义：礼仪。

③矿：未经冶炼的金属。璞：未经雕琢的玉石。

④咋（zé）：啃咬。

⑤素：绢素。黄：黄卷。二者都指书籍。

⑥同年：相等，并列。

译文

有客人曾经质询我说："我看到过有人手拿强弓长戟，诛灭罪人，抚慰百姓，以此取得公侯爵位；有人阐释礼数，研习吏道，匡正时事，使国家富足，以此博取卿相职位；而学问贯通古今，才能兼备文武，却身无俸禄官职，妻儿挨饿受冻的人，却数不胜数。这么看来，何苦看重学习呢？"

我回答他说："每个人的命运是穷困还是显赫，就好比金玉与木石；研习学问和技艺，就好比琢磨金玉，雕刻木石。经过雕琢的金玉，比矿石璞玉更美；未经雕刻的一块木石比经过雕刻的丑陋多了。怎么可以说经过雕刻的木石，就胜过未经琢磨的矿石璞玉

呢？所以，不能以博学的有识之士，去与浅薄的没有学问的人相比。况且披起铠甲当兵、用笔充任小吏的人，身死名灭的多如牛毛，卓然挺立的少如灵芝；勤奋攻读、修养品性、含辛茹苦的人，像日食那样少见，而闲适安乐、追名逐利的人，却像秋茶那样繁多，二者怎能同日而语呢？况且我又听说：生下来就明白事理的是高等人，通过学习才明白事理的是次一等的人。人之所以要学习，是想增多知识，明白事理。如果说有天才存在的话，那就是杰出的人，他们如做将领，便暗中具备了与孙武、吴起相同的军事谋略；若做执政者，先天就获得了管仲、子产那样的政治教养。虽然他们没有读过书，我也认为他们是有知识的人。现在你不能做到这些，又不去师法古人的所作所为，就像蒙着被子睡大觉，什么也看不见了。"

原文

人见邻里亲戚有佳快①者，使子弟慕而学之，不知使学古人，何其蔽也哉？世人但知跨马被甲，长稍②强弓，便云我能为将；不知明乎天道，辨乎地利，比量逆顺，鉴达兴亡之妙也。但知承上接下，积财聚谷，便云我能为相；不知敬鬼事神，移风易俗，调节阴阳，荐举贤圣之至③也。但知私财不入，公事夙办，便云我能治民；不知诚己刑物④，执辔如组⑤，反风灭火，化鸱⑥为凤之术也。但知抱令守律，早刑晚舍，便云我能平狱；不知同辕观罪，分剑追财，假言而奸露，不问而情得之察也。爰及农商工贾，厮役奴隶，钓鱼屠肉，饭牛牧羊，皆有先达，可为师表，博学求之，无不利于事也。

注释
①佳快：优秀。
②长稍（shuò）：类似长矛的一种武器。
③至：周密。
④刑物：给人做出榜样。刑：通"型"。
⑤辔：马缰绳。组：用丝织成的宽带子。"执辔如组"比喻御民有方。
⑥鸱：猫头鹰，古人视为恶鸟。

译文
人们看到邻居、亲戚中有优秀的人物，便让子弟敬仰他们，向他们学习，却不懂得让他们向古人学习，这是多么愚昧啊。人们只知道跨骏马，披铠甲，手持长矛强弓，就以为自己也能当将军，然而不知道作为一个将军，要了解天时，分辨地理的险易远近，比较权衡战争中的逆境与顺境，审察历史上兴盛衰亡的种种奥妙。世人只知道上下左右应酬，积财储粮，就以为自己也能当宰相，却不知道作为一个宰相，要懂得敬重鬼神，移风易俗，调节自然变化，荐贤举能的种种大事。世人只知道不谋私财，公事及早办理，就以为自己也能治理好百姓，却不知道管理百姓，要诚恳待人，为人楷模，有善驾车马、止风灭火、化鸥为凤的本领。世人只知道依照法令条律，及时判刑、及时赦免，就以为自己也能秉公办案，却不知道有同辕观罪、分剑追财、用假言诱使诈伪者暴露、不用审问而案情自明的洞察力。至于农夫、商贾、工匠、童仆、奴隶、渔民、屠夫、喂牛的、放羊的人中，都有贤德的前辈，可以作为学习的表率，广泛地向这些人学习，对事业是非常有帮助的。

原文

夫所以读书学问，本欲开心明目，利于行耳。未知养亲者，欲其观古人之先意承颜①，怡声下气②，不惮劬劳③，以致甘腝④，惕然惭惧，起而行之也。未知事君者，欲其观古人之守职无侵，见危授命，不忘诚谏，以利社稷，恻然自念，思欲效之也；素骄奢者，欲其观古人之恭俭节用，卑以自牧⑤，礼为教本，敬者身基，瞿然自失，敛容抑志也；素鄙吝者，欲其观古人之贵义轻财，少私寡欲，忌盈恶满，赒穷恤匮，赧然悔耻，积而能散也；素暴悍者，欲其观古人之小心黜己，齿弊舌存⑥，含垢藏疾，尊贤容众，苶然⑦沮丧，若不胜衣⑧也；素怯懦者，欲其观古人之达生委命⑨，强毅正直，立言必信，求福不回⑩，勃然奋厉，不可恐慑也：历兹以往，百行皆然。纵不能淳，去泰去甚⑪。学之所知，施无不达。世人读书者，但能言之，不能行之，忠孝无闻，仁义不足；加以断一条讼，不必得其理；宰千户县，不必理其民；问其造屋，不必知楣⑫横而棁竖也；问其为田，不必知稷早而黍迟也；吟啸谈谑，讽咏辞赋，事既优闲，材增迂诞，军国经纶，略无施用，故为武人俗吏所共嗤诋，良由是乎！

注释

①先意承颜：指孝子先父母之意而顺承其志。

②怡声下气：指声气和悦，形容恭顺的样子。

③劬（qú）劳：劳累。

④甘腝（ruǎn）：烂熟。

⑤卑以自牧：以谦卑自守。

⑥齿弊舌存：意思是说物之刚者易亡折而柔者常存。

⑦苶（nié）然：疲倦的样子。

⑧不胜衣：谦让的样子。

⑨达生：不受世务牵累。委命：听任命运支配。

⑩不回：不违祖先之道。

⑪去泰去甚：指做事不要过分。

⑫楣：房屋的横梁。棁（zhuō）：梁上短柱。

译文

人们读书的原因，本来是开发心智、开阔视野，以利于修炼自己的品行。对那些不知道奉养父母的人，就要让他看看古人如何体察父母心意，看父母的脸色办事；如何轻言细语、和颜悦色地与父母说话；如何不怕劳苦，让父母吃到甘美酥嫩的食品，从而使那些不孝者感到畏惧惭愧，从而行孝亲之道。对那些不知道侍奉国君的人，就要让他们看到古人如何笃守职责，而不侵凌犯上；如何在危急关头，不惜献出性命；如何不忘忠心进谏的职责，以利于国家，使他们痛心疾首地反省自己，进而想去效法古人。对那些骄傲奢侈的人，就要让他们看看古人如何恭谨俭朴，节约费用；如何谦卑自守，如何以礼让为教化的根本，以恭敬为立身的基础，使他们震惊，警觉自己的过失，从而收敛傲慢的态度，抑制那骄奢的心思。对那些平时浅薄吝啬的人，就要让他们看看古人如何重义轻财，少私寡欲，忌讳过分地贪财；如何救济穷人，体恤贫民，使他们脸红惭愧，懊悔羞耻，从而做到积财又能散财。对那些一向暴虐凶悍的人，就要让他们看看古人如何小心恭谨，约束自己，懂得齿亡舌存的道理；如何宽仁大度，尊重贤士，容纳众人，使他们看了之后垂头丧气，好像连衣服也穿不动一样。对那些平时胆小懦弱的人，就要让他们看看古人如何看透人生，听天由命；如何刚强坚毅，刚正不阿；如何信守承诺，祈求福运，而又不违祖道，使他们能奋发图强，无所畏惧。由此类推，各方面的品行都可采取上面的途径来得到借鉴。即使不能使风气纯正，也可去掉那些不良行为。从学习中获取知识，做起事来就会得心应手。然而现在的读书人，只知空谈，不能行动。他们忠孝谈不上，仁义也欠缺，加上他们审断一桩官司，

不一定了解其中的道理；主管一个千户小县，不一定亲自治理好百姓；问他们怎样造房子，不一定知道楣是横的而棁是竖的；问他们怎样种田，也不一定知道高粱下种的季节早而黍子下种的季节晚；他们整天吟咏长啸，谈笑戏谑，写诗作赋，悠闲自在，除了增加一些迂阔荒诞的技能外，对治军治国则毫无用处。因而他们被武官俗吏嗤笑辱骂，也确实是有原因的。

原文

夫学者所以求益耳。见人读数十卷书，便自高大，凌忽①长者，轻慢同列；人疾之如仇敌，恶之如鸱枭。如此以学自损，不如无学也。

注释
①凌忽：欺凌，轻视。

译文
学习是为了有所收益。我看见有些人读了几十卷书，就自高自大，轻慢长者，看不起同辈。大家仇视他就像对待仇敌一样，厌恶他就像对待鸱枭一样。像这样因学了点东西反而使自己品行受损，还不如不学习。

原文

古之学者为己，以补不足也；今之学者为人，但能说①之也。古之学者为人，行道以利世也；今之学者为己，修身以求进也。夫学者犹种树也，春玩其华，秋登其实。讲论文章，春华也，修身利行，秋实也。

注释
①说：通"悦"。

译文
古代人求学是为了充实自己，用以弥补自身的不足；现代人求学是为了向外人炫耀，只能夸夸其谈。古人求学是为别人，奉行儒家之道，而能造福于世；现代人求学是为自己，修身养性以谋求仕进。学习就像种树一样，春天观赏它的花朵，秋天可以收获它的果实。讲论文章，这就好比观赏春花；修身利行，这就好比摘取秋果。

原文

人生小幼，精神专利，长成以后，思虑散逸，固须早教，勿失机也。吾七岁时，诵《灵光殿赋》，至于今日，十年一理，犹不遗忘；二十之外，所诵经书，一月废置，便至荒芜矣。

然人有坎壈①，失于盛年，犹当晚学，不可自弃。孔子云："五十以学《易》，可以无大过矣。"魏武、袁遗，老而弥笃，此皆少学而至老不倦也。曾子七十乃学，名闻天下；荀卿②五十，始来游学，犹为硕儒；公孙弘四十余，方读《春秋》，以此遂登丞相；朱云亦四十，始学《易》《论语》；皇甫谧二十，始受《孝经》《论语》：皆终成大儒，此并早迷而晚寤也。世人婚冠未学，便称迟暮，因循面墙，亦为愚耳。

幼而学者，如日出之光，老而学者，如秉烛夜行，犹贤乎瞑目而无见者也。

注释

①坎壈（lǎn）：困顿，不得志。
②荀卿：荀子。

译文

人在幼小的时候，精神专注敏锐；长大以后，心思容易分散。因此，对孩子必须重视早教育，不可错失良机。我七岁的时候，背诵《灵光殿赋》，直到今天，隔十年温习一次，仍然不会遗忘。二十岁以后，所背诵的经书，如果搁置一个月不温习，便到了荒疏的地步。

然而人生总有坎坷，如果年轻时失去了求学的机会，还应当在晚年学习，不可自暴自弃。孔子说："五十岁时学习《易经》，就可以不犯大的过错了。"魏武帝和袁遗，越老学习兴趣越浓厚，这都是年轻时勤奋学习直到老年也不厌倦的例子。曾子七十岁时才开始学习，依然名闻天下。荀子五十岁才到齐国游学，仍然成了大学问家。公孙弘四十多岁才开始读《春秋》，靠这门学问当上了丞相。朱云也是四十岁才开始学习《易经》《论语》的，皇甫谧二十岁才开始学习《孝经》《论语》，他们最后都成了大学者。这些都是早年迷惑而晚年觉悟的例子。现在的人到成年还未开始学习，就说晚了，拖拖拉拉过日子，好像面对着墙壁，一无所见，也够愚蠢的了。

小时候好学的人，就好像太阳初升时的光芒；到老来才开始学习的人，就好像手持蜡烛在夜间行走，但比那闭着眼睛什么也看不见的人强多了。

原文

　　学之兴废，随世轻重。汉时贤俊，皆以一经弘圣人之道，上明天时，下该人事，用此致卿相者多矣。末俗①已来不复尔，空守章句②，但诵师言，施之世务，殆无一可。故士大夫子弟，皆以博涉为贵，不肯专儒。梁朝皇孙以下，总丱③之年，必先入学，观其志尚，出身④已后，便从文史，略无卒业者。冠冕⑤为此者，则有何胤、刘瓛、明山宾、周舍、朱异、周弘正、贺琛、贺革、萧子政、刘绲等，兼通文史，不徒讲说也。洛阳亦闻崔浩、张伟、刘芳，邺下又见邢子才：此四儒者，虽好经术，亦以才博擅名。如此诸贤，故为上品，以外率多田野间人，音辞鄙陋，风操蚩拙，相与专固，无所堪能，问一言辄酬数百，责其指归，或无要会⑥。邺下谚云："博士⑦买驴，书券三纸，未有驴字。"使汝以此为师，令人气塞。孔子曰："学也，禄在其中矣。"今勤无益之事，恐非业也。夫圣人之书，所以设教，但明练经文，粗通注义，常使言行有得，亦足为人；何必"仲尼居"即须两纸疏义，燕寝讲堂⑧，亦复何在？以此得胜，宁有益乎？光阴可惜，譬诸逝水。当博览机要，以济功业；必能兼美，吾无间⑨焉。

注释

①末俗：末世的风俗。
②章句：指古书的章节与句子。
③总丱（guàn）之年：指童年时代。
④出身：指出仕。

⑤冠冕：此处为仕宦的代称。

⑥要会：要旨的意思。

⑦博士：国子学中主讲《经》的人，此泛指执教的人。

⑧燕寝：闲居之处。讲堂：讲习之所。

⑨间：嫌隙，此处指点批评。

译文

　　学习风气的兴盛与衰败，是随着社会对学习的轻视或重视程度而变化的。汉代的贤士俊才，都靠精通一部经书而弘扬圣人之道，上能说明自然界的变化，下能通晓人事，凭着这种特长而得到卿相职位的人很多。汉末以后就不再是这样了，读书人都空守章句之学，只知背诵老师讲过的话，而把书本知识应用于社会事务，几乎没有一个能行的。所以，后来士大夫的子弟多将就广泛读书，不肯专门研究章句。梁朝的贵族子弟，在童年时就必定先让他们入学读书，洞察他们的志向爱好，步入仕途后，就参与文官的事务，没有一个人把学业坚持到底的。为官后还能坚持学业的，只有何胤、刘瓛、明山宾、周舍、朱异、周弘正、贺琛、贺革、萧子政、刘缙等人，这些人兼通文学和史学，并不只是口头讲讲而已。在洛阳城，听说有崔浩、张伟、刘芳三人，邺下还有邢子才，这四位儒者，虽然都喜好经术，但也以才识广博而闻名。以上诸位贤士，都是人才中的上品，除此之外，大多是些村夫闲人，他们说话粗俗浅薄，风度笨拙愚昧，互相之间固执己见，没有一件事能胜任，问他一句，他能答出几百句，若问他话中的主旨，却没有一点要领。邺下有谚语说："博士买驴，契约写了三大张，还没有写出个'驴'字。"假如你以这种人为师，真令人气愤。孔子说："学习，你的俸禄就在其中了。"现在人们忙于一些毫无益处的事情，这恐怕不是正当的事业吧。圣人的书，是用来教育人的，只要熟读经文，粗通注释和含义，经常使自己的言行与之符合，也足以在世上立身了。何必对"仲尼居"三字就用两张纸去解释呢？把"居"解作闲居之处也好，或把"居"解作讲习之所也罢，又都在什么地方呢？在这种问题上争个输赢，难道会有什么好处吗？光阴最值得珍惜，就像流水般一去不复返。应当广泛阅读书中那些精要的学说，来成就自己的事业；当然，如果能把博览与专精结合起来，我就再没有什么可以批评指责的了。

原文

　　俗间儒士，不涉群书，经纬①之外，义疏而已。吾初入邺，与博陵崔文彦交游，尝说《王粲集》中难郑玄《尚书》事。崔转为诸儒道之，始将发口，悬见排蹙②，云："文集只有诗赋铭诔③，岂当论经书事乎？且先儒之中，未闻有王粲也。"崔笑而退，竟不以粲集示之。魏收之在议曹，与诸博士议宗庙事，引据《汉书》，博士笑曰："未闻《汉书》得证经术。"收便忿怒，都不复言，取《韦玄成传》，掷之而起。博士一夜共披寻之，达明，乃来谢曰："不谓玄成如此学也。"

注释

①经纬：经书和纬书。经书指儒家经典著作，纬书是汉代混合神学附和儒家经义的书。

②排蹙（cù）：排挤，此处引申为斥责。

③诗赋铭诔：均为文体名。

译文

世间的读书人，不知博览群书，除了研究经书和纬书之外，只学注疏而已。我刚到邺城时候，与博陵崔文彦交往，曾谈起《王粲集》中有责难郑玄注解《尚书》的事。崔文彦转而给几位读书人谈起此事，刚开口，就被无端指责，他们说："文集中只有诗、赋、铭、诔等，难道会有论及经书的事吗？况且在先前的儒士中，没听说有王粲这个人呢。"崔文彦笑了笑便告退了，最终也没把《王粲集》给他们看。魏收任议曹时，与博士们议及有关宗庙之事，引《汉书》作为根据，博士们嘲笑说："我们没有听说过《汉书》可以验证经学。"魏收很生气，一句话也不再说，把《汉书》中的《韦玄成传》扔给他们，就起身走了。博士们花了一个晚上的时间共同翻阅了此书，寻找有关内容，天亮时才来道歉说："没想到韦玄成还有这等学问啊。"

原文

夫老、庄之书，盖全真①养性，不肯以物累己②也。故藏名柱史，终蹈流沙；匿迹漆园，卒辞楚相，此任纵之徒耳。何晏、王弼，祖述玄宗③，递相夸尚，景附草靡，皆以农、黄之化，在乎己身，周、孔之业，弃之度外。而平叔以党曹爽见诛，触死权之网也；辅嗣以多笑人被疾，陷好胜之阱也；山巨源以蓄积取讥，背多藏厚亡之文也；夏侯玄以才望被戮，无支离臃肿之鉴也；荀奉倩丧妻，神伤而卒，非鼓缶之情也；王夷甫悼子，悲不自胜，异东门之达也；嵇叔夜排俗取祸，岂和光同尘之流也；郭子玄以倾动专势，宁后身外己之风也；阮嗣宗沉酒荒迷，乖畏途相诫之譬也；谢幼舆赃贿黜削，违弃其余鱼之旨也：彼诸人者，并其领袖，玄宗所归。其余枉桔尘滓之中，颠仆名利之下者，岂可备言乎！直取其清谈雅论，剖玄析微，宾主往复④，娱心悦耳，非济世成俗之要也。洎于梁世，兹风复阐，《庄》《老》《周易》，总谓《三玄》。武皇、简文，躬自讲论。周弘正奉赞大猷⑤，化行都邑，学徒千余，实为盛美。

元帝在江、荆间，复所爱习，召置学生，亲为教授，废寝忘食，以夜继朝，至乃倦剧⑥愁愤，辄以讲自释。吾时颇⑦预末筵，亲承音旨，性既顽鲁，亦所不好云。

注释

①全真：保持本性。

②以物累己：因为外物而损伤自己。

③玄宗：指道教。

④宾主往复：宾主问答。

⑤大猷：治国的大道。

⑥倦剧：非常疲倦。

⑦颇：此处是略微、偶尔之意。

译文

老子、庄子的著作，讲的是如何保持本质、修养品性，而不让外物来拖累自己。因此老子甘任柱下史，埋名隐姓，最后隐遁于沙漠之中；庄子隐居漆园为小吏，最终拒绝担任楚相，他们两人都是无所拘束、自由自在的人啊。后来有何晏、王弼，师法前人论述道教玄理，当时的人一个接一个地夸夸其谈，如影子依附形体、草木顺风倒伏一样，都以为奉行神农、黄帝的教化，来装饰自己，而把周公、孔子的思想置之度外。然而，何晏因为党附曹爽而被杀，这是触到了贪恋权势的罗网上了；王弼因多次讥笑别人，而招来忌恨，这是掉进了争强好胜的陷阱中了；山涛因为贪吝积敛而遭到议论，这是违背了聚敛越多所失越大的古训；夏侯玄因才学名望而遭到杀害，这是没有借鉴庄子寓言中"支离臃肿"的做法；荀粲在丧妻之后，因悲伤过度而死，这不具有庄子在丧妻之后敲缶而歌的超脱情怀了；王衍因悼念儿子而悲不自胜，和东门那个面对丧子之痛所抱的达观态度可不同了；嵇康因排斥俗流而惹祸，他难道是"和其光，同其尘"一类的人吗？郭象倾慕权力，仗势专权，他难道有"后身外己"的风度？阮籍纵酒迷乱，背离了"畏途相诫"的古训；谢鲲因贪污而遭罢免，这是违背了不贪多余财物的教义。以上这些人物都是道教中的领袖人物。其他的人，像那些在尘世污秽中身套名缰利锁，在名利场中摔爬滚打之辈，就更不必细说了。只会在玄学中的清谈雅论，剖析玄妙细微之处，宾主在玄谈中相互问答，娱心悦耳而已，并不是拯救社会、形成良好风气的紧要之事。到了梁朝，这种玄谈的风气又盛行起来，《庄子》《老子》《周易》被总称为"三玄"。梁武帝

和简文帝都亲自讲论。周弘正向君主讲述以玄学治国的大道理，其风气盛行到大小城镇，徒弟达到一千多人，实在是盛况空前。

后来元帝在江陵、荆州的时候，也十分爱好研习此道，他招来一些学生，亲自为他们讲授，废寝忘食，夜以继日，以至他在极度疲倦、忧愁烦闷的时候，也以讲授玄学来自我排解。我当时偶尔也在末位就座，亲耳聆听元帝的教诲，但我资质顽钝愚鲁，对玄学也没有兴趣，所以没有什么收获。

原文

齐孝昭帝侍娄太后疾，容色憔悴，服膳减损。徐之才为灸两穴，帝握拳代痛，爪入掌心，血流满手。后既痊愈，帝寻疾崩，遗诏恨不见太后山陵之事①。其天性至孝如彼，不识忌讳如此，良由无学所为。若见古人之讥欲母早死而悲哭之，则不发此言也。孝为百行之首，犹须学以修饰之，况余事乎！

注释
①山陵：帝王、皇后的坟。文中特指孝昭帝母亲的丧事。

译文
北齐孝昭帝侍奉病重的娄太后，因担忧而面色憔悴，吃不下饭食。徐之才为太后针灸两个穴位，孝昭帝在旁边握拳代痛，指甲刺入了手掌心，以致血流了满手。太后病愈后没不久，孝昭帝却因病驾崩，他在遗诏中说：最遗憾的事是不能亲自为太后办后事，以尽孝心了。他的天性是这样的孝顺，却如此没有忌讳，这全都是不学习造成的。他如果在书中看过古人讽刺那些盼着母亲早死便提早痛哭的人的记载，就不会在遗诏中说出那样的话。孝为百行之首，尚且需要通过学习去培养完善，何况其他事呢！

原文

梁元帝尝为吾说："昔在会稽，年始十二，便已好学。时又患疥①，手不得拳，膝不得屈。闲斋张葛帏避蝇独坐，银瓯贮山阴甜酒，时复进之，以自宽痛。率意自读史书，一日二十卷，既未师受，或不识一字，或不解一语，要自重之，不知厌倦。"帝子之尊，童稚之逸，尚能如此，况其庶士，冀以自达者哉？

注释

①疥：疥疮。

译文

　　梁元帝曾经对我说："从前他在会稽的时候，才十二岁，就非常喜欢学习了。那时身患疥疮，手不能握拳，膝不能弯曲。在闲斋中挂上葛布帷帐以避开苍蝇独坐，银盆内装着山阴的甜酒，不时喝上几口，以减轻自己的疼痛。随意读一些史书，一天读二十卷，没有老师传授，有时不认识某字，有时不理解某句，就需要自己反复去读，反复理解，从来不感到厌倦。"元帝以帝王之子的尊贵身份，在孩童闲逸之时，尚且能够如此用功学习，何况那些出身普通希望通过学习以求显达的人呢？

原文

　　古人勤学，有握锥投斧①，照雪聚萤，锄则带经，牧则编简，亦为勤笃。梁世彭城刘绮，交州刺史勃之孙，早孤家贫，灯烛难办，常买荻尺寸折之，然明夜读。孝元初出会稽，精选寮寀②，绮以才华，为国常侍兼记室，殊蒙礼遇，终于金紫光禄。义阳朱詹，世居江陵，后出扬都，好学，家贫无资，累日不爨③，乃时吞纸以实腹。寒无毡被，抱犬而卧。犬亦饥虚，起行盗食，呼之不至，哀声动邻，犹不废业，卒成学士，官至镇南录事参军，为孝元所礼。此乃不可为之事，亦是勤学之一人。东莞臧逢世，年二十余，欲读班固《汉书》，苦假借不久，乃就姊夫刘缓乞丐客刺书翰纸末，手写一本，军府服其志向，卒以《汉书》闻。

注释

①握锥：指战国时苏秦以锥刺股之事。投斧：指文党投斧求学之事。

②寮：通"僚"。寀：采地。

③爨（cuàn）：烧火煮饭。

译文

　　古时候勤奋好学的人，有用锥子刺大腿以避免瞌睡的苏秦；有投斧于高树、下决心求学的文党；有在夜间靠雪地反射的光勤读的孙康；有收聚萤火虫以照明的车胤；汉代的常林耕种时也不忘带上经书；路温舒在放牛时编蒲草为简，用来写字，他们算得上是勤奋刻苦了。梁代彭城的刘绮，是交州刺史刘勃的孙子，从小死了父亲，家境贫寒，没钱买灯烛，常买回荻草，按一定尺寸折断，点燃照明夜晚读书。梁元帝任会稽太守时，精心选拔官吏，刘绮以他的才华当上了太子府中的国常侍兼记室，很受器重，最后官至金紫光禄大夫。义阳的朱詹，世世代代住在江陵，后来到了建业，十分勤学，家贫无钱，竟连续几日不能生火做饭，他就经常吞食废纸充饥。天冷没有被盖，就抱着狗取暖睡觉。

狗也十分饥饿，跑到外面去偷吃东西，朱詹呼唤也不见狗归家，悲凉的呼声惊动了邻里。然而他没有荒废学业，最终成为学士，官至镇南录事参军，为元帝所尊重。朱詹所做的，是一般人所做不到的，这也是一个勤学的例子。东莞人臧逢世，二十多岁时想读班固的《汉书》，但苦于借来的书不能长久阅读，就向姐夫刘缓要来名帖、书札的边幅纸头，亲手抄录了一本。军府中的人都佩服他的毅力，后来他终于以精通《汉书》闻名于世。

原文

　　齐有宦者内参①田鹏鸾，本蛮人也。年十四五，初为阉寺，便知好学，怀袖握书，晓夕讽诵。所居卑末，使役苦辛，时伺间隙，周章②询请。每至文林馆，气喘汗流，问书之外，不暇他语。及睹古人节义之事，未尝不感激沉吟久之。吾甚怜爱，倍加开奖。后被赏遇，赐名敬宣，位至侍中开府。

　　后主之奔青州，遣其西出，参伺动静，为周军所获。问齐主何在，绐③云："已去，计当出境。"疑其不信，欧捶服之，每折一支④，辞色愈厉，竟断四体而卒。

　　蛮夷童丱，犹能以学成忠，齐之将相，比敬宣之奴不若也。

注释

①内参：太监。

②周章：周游。

③绐（dài）：哄骗，欺骗。

④支：通"肢"。

译文

北齐有位宦官叫田鹏鸾，本是外族人。十四五岁刚当上守门太监时，就懂得努力学习，怀中袖中带着书，早晚诵读。尽管他所处的地位十分低下，工作也很辛苦，但仍能经常利用空余时间，四处求教。他每次到文林馆，都是气喘汗流，除了询问书中不明白的地方外，顾不得讲其他的话。每当他从书中看到古人讲气节、重义气的事就十分激动、沉思很久。我很喜爱他，对他倍加开导勉励。后来他得到皇帝的赏识，赐名为敬宣，官位升到了侍中开府。

北齐后主逃奔青州的时候，派敬宣去西边观察北周军队的动静，结果被俘。周军问他北齐君主在什么地方，他骗北周军队说："走了！估计已出境了。"周军不信他的话，对他严加拷打，企图使他屈服。他的四肢每被打断一条，他言辞神色就更加严厉，最后终于被打断四肢而死。

一位外族的孩子，尚且能够通过学习养成忠诚的节操，北齐的将相们，比敬宣这个奴仆都不如！

原文

邺平之后，见徙①入关。思鲁尝谓吾曰："朝无禄位，家无积财，当肆筋力，以申供养。每被课笃②，勤劳经史，未知为子，可得安乎？"吾命之曰："子当以养为心，父当以学为教。使汝弃学徇财，丰吾衣食，食之安得甘？衣之安得暖？若务先王之道，绍家世之业，藜羹缊褐③，我自欲之。"

①徙：迁徙。

②笃：通"督"，视察。

③藜羹：用嫩藜煮成的羹，为粗劣的食物。蕴褐：粗陋的衣服。

译文

邺城被北周军队扫平之后，我被迁送入关。思鲁曾对我说："我们在朝廷里没有俸禄，家里也没有积财，我应当尽力劳动，以尽供养之责。但我常常被您督促检查功课，致力于经史，还不知道如何尽人子之道，这能让我安心吗？"我教诲他说："当儿子的应当把供养双亲之责放在心上，当父亲的应当把教育子女放在第一位。假如让你放弃学业去赚钱，使我丰衣足食，我吃着怎么会香甜？穿着怎么会感到温暖？如果你致力于先王的儒家之道，继承我们祖传的基业，那么，纵使喝野菜汤，穿麻布短衣，我也心甘情愿。"

原文

《书》曰："好问则裕。"《礼》云："独学而无友，则孤陋而寡闻。"盖须切磋相起①明也。见有闭门读书，师心自是，稠人广坐，谬误差失者多矣。《穀梁传》称公子友与莒挐相搏，左右呼曰："孟劳。"孟劳者，鲁之宝刀名，亦见《广雅》。近在齐时，有姜仲岳谓："孟劳者，公子左右，姓孟名劳，多力之人，为国所宝。"与吾苦净。时清河郡守邢峙，当世硕儒，助吾证之，赧然而伏。又《三辅决录》云，灵帝殿柱题曰："堂堂乎张，京兆田郎。"盖引《论语》，偶以四言，目京兆人田凤也。有一才士，乃言："时张京兆及田郎二人皆堂堂耳。"闻吾此说，初大惊骇，其后寻愧悔焉。江南有一权贵，读误本《蜀都赋》注，解"蹲鸱，芋也"，乃为"羊"字；人馈羊肉，答书云："损惠②蹲鸱。"举朝惊骇，不解事义，久后寻迹，方知如此。元氏之世③，在洛京时，有一才学重臣，新得《史记音》，而颇纰缪，误反"颛顼"字，顼当为许录反，错作许缘反，遂谓朝士言："从来谬音'专旭'，当音'专翾'耳。"此人先有高名，翕然信行；期年之后，更有硕儒，苦相究讨，方知误焉。《汉书·王莽赞》云："紫色蛙声，余分闰位。"谓以伪乱真耳。昔吾尝共人谈书，言及王莽形状，有一俊士，自许史学，名价甚高，乃云："王莽非直鸱目虎吻，亦紫色蛙声。"又《礼乐志》云："给太官挏马酒。"李奇注："以马乳为酒也，挏④乃成。"二字并从手。挏，此谓撞捣挺挏之，今为酪酒亦然。向学士又以为种桐时，太官酿马酒乃熟。其孤陋遂至于此。太山羊肃，亦称学问，读潘岳赋"周文弱枝之枣"，为杖策之杖；《世本》"容成造历"，以历为碓磨之磨。

注释

①起：启发，开导。

②损惠：谢人馈送礼物的敬辞。

③元氏之世：指北魏。元氏为北魏皇帝之姓。

④摏挏（chòng dòng）：上下撞击。

译文

《尚书》说："喜欢提问，就能充足知识。"《礼记》上说："独自一人学习而不与朋友探讨，就会学识浅陋，见闻寡陋。"因此，学习必须要共同切磋，互相启发，这样才能有效果。我见到不少人闭门读书，自以为是，在大庭广众之下口出谬误的人非常多。《穀梁传》叙述公子友与莒挐搏斗，左右的人呼叫："孟劳。"孟劳是鲁国宝刀的名称，这个解释也见于《广雅》。近来在齐朝有位叫姜仲岳的人对我说："孟劳是公子友左右的人，姓孟，名劳，是位大力士，为鲁国人所看重。"他和我苦苦争辩。当时清河郡守邢峙也在座，他是当今的大儒，帮我证实了孟劳的真实含义，姜仲岳才红着脸表示服输了。再比如，《三辅决录》上说，汉灵帝在宫殿柱子上题字："堂堂乎张，京兆田郎。"这是引用《论语》中的话，以四言句式，来品评京兆人田凤。然而却有一位才士解释成："当时张京兆及田郎都相貌堂堂。"他听了我的上述解释，开始非常惊讶，后来又感到惭愧懊悔。江南有一位权贵，读误本《蜀都赋》的注解，读到"蹲鸱，芋也"时，把"芋"字错作"羊"字。因此有人馈赠他羊肉，他回信说："谢谢您送我的蹲鸱。"满朝官员都感到惊讶，不明白他说的是什么意思，很久以后追寻事情的来龙去脉，才知道是这么回事。北魏元氏时，在洛阳有位有才学而位居要职的大臣，新得了一本《史记音》，书中错谬很多，比如将"颛顼"一词的注音注错了，"顼"字应当为许录反，却错为许缘反。这位重臣就对朝中官员说："过去一直把颛顼读成'专旭'，其实应该读成'专翾'。"这位大臣以前名望很高，他的读法，大家一致赞同并遵从。一年以后，又有大学者对这个词的发音苦苦地研究探讨，才知道"专翾"是错的。《汉书·王莽赞》说："紫色蛙声，余分闰位。"是说王莽以假乱真。过去我曾经和别人一起谈论书籍，谈到王莽的模样，有位颇有才学的人，自夸精通史学，名声很高，他说："王莽不但长着猫头鹰一样的眼睛，老虎一样的嘴，而且有着紫色的皮肤，青蛙的嗓音。"还有，《礼乐志》上说："给太官挏马酒。"李奇的注解是："用马乳熬成酒，要经过撞击、搅动才能做成。""摏挏"二字的偏旁都从"手"。所谓摏挏，这里是说把马奶上下捶击拌动，现在做酪酒也是用这种方法。刚才提到的那个自夸的人认为李奇注解的意思是：要等到种桐树时太官酿造的马酒才熟。他的学识浅陋竟到了如此地步！泰山的羊肃，也称得上是有学问的人，他读潘岳赋中"周文弱枝之枣"一句，把"枝"字读作杖策的"杖"字；他读《世本》中"容成造历"一句，把"历"字认作碓磨的"磨"字。

原文

谈说制文，援引古昔，必须眼学，勿信耳受。江南闾里间，士大夫或不学问，羞为鄙朴，道听途说，强事饰辞：呼澄质为周、郑，谓霍乱为博陆，上荆州必称陕西，下扬都言去海郡，言食则糊口，道钱则孔方①，问移则楚丘②，论婚则宴尔③，及王则无不仲宣④，语刘则无不公幹⑤。凡有一二百件，传相祖述⑥，寻问莫知原由，施安时复失所⑦。庄生有乘时鹊起之说，故谢朓诗曰："鹊起登吴台。"吾有一亲表，作《七夕》诗云："今夜吴台鹊，亦共往填河。"《罗浮山记》云："望平地树如荠。"故戴暠诗云："长安树如荠。"又邺下有一人《咏树》诗云："遥望长安荠。"又尝见谓矜诞为夸毗⑧，呼高年为富有春秋⑨，皆耳学之过也。

注释

①孔方：钱的代称。

②楚丘：指迁移。典故出自《左传》（闵公二年）："齐桓公迁邢于夷仪，封卫于楚丘。邢迁如归，卫国忘亡。"

③宴尔：欢乐的样子，指新婚。

④仲宣：王粲，字仲宣。

⑤公幹：刘桢，字公幹。

⑥祖述：效法遵循前人的行为、学说。

⑦失所：使用不当，用的不对地方。

⑧夸毗：以阿谀卑屈取媚于人。

⑨富有春秋：指年龄小。春秋：指年数。

译文

谈话和写文章，援引古代的事例，必须是亲眼所见所学，而不要轻信所听到的。江南的闾里间，有些士大夫不肯努力学习，又羞耻于被视为没文化的粗鄙之人，就把一些道听途说来的东西拿来装点门面。比如：把徵质说成周、郑，把霍乱说成博陆，上荆州一定要说成去陕西，下扬都一定要说成去海郡，把吃饭说成糊口，把钱称为孔方，提起迁徙就讲楚丘，把婚姻说成宴尔，讲到姓王的人就称仲宣，谈起姓刘的人就提公幹。这些说法不下一两百种，士大夫们互相影响，前后相承，如果向他们问这些典故的缘由，没一个能回答出来的，平时使用又总用得不恰当。庄子有乘时鹊起的说法，所以谢朓的诗中就说："鹊起登吴台。"我有一位表亲，他作的一首《七夕》诗中说："今夜吴台鹊，亦共往填河。"《罗浮山记》上说："望平地树如荠。"所以戴暠的诗就说："长安树如荠。"而邺下有一个人的《咏树》诗里竟然说："遥望长安荠。"我还曾经见过有人把矜诞解释为"夸毗"，称年老为"富有春秋"，这些都是轻信听来的知识的错误。

原文

夫文字者，坟籍根本。世之学徒，多不晓字：读《五经》者，是徐邈而非许慎；习赋诵者，信褚诠而忽吕忱；明《史记》者，专徐、邹而废篆籀①；学《汉书》者，悦应、苏而略《苍》《雅》。不知书音是其枝叶，小学②乃其宗系。至见服虔、张揖音义则贵之，得《通俗》《广雅》而不屑。一手之中，向背如此，况异代各人乎？

注释

①篆籀（zhòu）：篆书。篆：指小篆。籀：指史籀大篆。
②小学：汉代文字训诂学的总称。

译文

文字是典籍的根本。而世上求学者大多不重视对文字的理解：读《五经》的人，都肯定徐邈而非议许慎；学习辞赋的人，信奉褚诠而忽视吕忱；通晓《史记》的人，都专精徐野民、邹诞生的著作，而废弃了对篆文的钻研；学习《汉书》的人，喜欢应劭、苏林的注释，而忽略《三苍》《尔雅》。他们不知道语音只是文字的枝叶，而字义才是文字的根本。以至有人见到服虔、张揖对个别音义的解释，就十分看重，而得到他们著的《通俗文》《广雅》却不屑一顾。对同出一人之手的著作，尚且这样厚此薄彼，何况对不同时代不同人的著作呢？

原文

夫学者贵能博闻也。郡国山川，官位姓族，衣服饮食，器皿制度，皆欲根寻，得其原本；至于文字，忽不经怀①，己身姓名，或多乖舛，纵得不误，亦未知所由。近世有人为子制名：兄弟皆山傍立字，而有名峙者；兄弟皆手傍立字，而有名机者；兄弟皆水傍立字，而有名凝者。名儒硕学，此例甚多。若有知吾钟之不调②，一何可笑。

注释

①忽：轻视。经怀：留心。
②吾钟之不调：吾，应为"晋"。指的是师旷与晋平公讨论钟音是否和谐一事。

译文

求学的人都崇尚广学博闻。他们对于郡国山川、官位姓族、衣服饮食、器皿制度都

要寻根问底，弄清事物的缘由；但对于文字，却忽略而漫不经心，甚至连自己的姓名，也往往出现谬误，即使不出错，也不知道它的由来。近代有些人为孩子起名字，兄弟几个的名字都用"山"作偏旁，其中就有取名为"峙"的；兄弟几个的名字都用"手"作偏旁，其中就有取名为"机"的；兄弟几个的名字都用"水"作偏旁，其中就有取名为"凝"的。在那些名望很高的大学者中，这类例子非常多。后世的人如果能够明白其中的道理，就会觉得这和晋平公与师旷讨论钟音是否和谐一样，多么可笑啊。

原文

> 吾尝从齐主幸并州①，自井陉关入上艾县②。东数十里，有猎闾村，后百官受马粮在晋阳东百余里亢仇城侧。并不识二所本是何地，博求古今，皆未能晓。及检《字林》《韵集》，乃知猎闾是旧馪余聚，亢仇旧是馒馂亭，悉属上艾。时太原王劭欲撰乡邑记注，因此二名闻之，大喜。

注释

①幸：指皇帝去某处。
②井陉（xíng）关：即井陉口，要隘名。

译文

我曾经跟北齐的文宣帝去过并州，从井陉关进入上艾县。县东几十里，有猎闾村。后来，百官又在晋阳以东百余里的亢仇城旁接受马匹、粮草。大家都不知道上述两地原本是哪儿，查阅了大量古今书籍，都没有弄明白。直到我翻检《字林》《韵集》这两本书，才知道猎闾就是过去的馪余聚，亢仇就是过去的馒馂亭，两地都隶属上艾县。当时太原的王劭想撰写乡邑记注，我把这两个地方的地名告诉他，他很高兴。

原文

> 吾初读《庄子》"螝二首"①，《韩非子》曰："虫有螝者，一身两口，争食相龁②，遂相杀也。"茫然不识此字何音，逢人辄问，了无解者。案：《尔雅》诸书，蚕蛹名螝，又非二首两口贪害之物。后见《古今字诂》，此亦古之"虺"字③，积年凝滞，豁然雾解④。

注释

①螝（huǐ）：虫蛹。
②龁（hé）：咬。
③虺（huǐ）：毒蛇。
④雾解：像雾一样消散。

译文

我最初读《庄子》，看到有"蝛二首"这句，《韩非子》中说："有一种名叫蝛的虫，一个身子两张嘴，常常为争食物而相互撕咬，以致互相残杀。"我一直不明白这个字（"蝛"）读什么音，我逢人就问，却没有一人能解答。据考证：《尔雅》等书中说，蚕蛹名叫蝛，但蚕蛹并不是有两个头两张嘴贪婪凶残的生物。后来我又看了《古今字诂》才知道这个字（"蝛"）就是古代的"虺"字，多年来积攒在胸中的疑问，一下子消散了。

原文

尝游赵州，见柏人城北有一小水，土人亦不知名。后读城西门徐整碑云："洀流东指。"众皆不识。吾案《说文》，此字古魄字也，洀，浅水貌。此水汉来本无名矣，直以浅貌目之，或当即以"洀"为名乎？

译文

我游览赵州，看到柏人城北有一条小河，当地人不知道叫什么名字。后来我读到城西门徐整碑的碑文，碑文上说："洀流东指。"大家都不知道这是什么意思。我查了《说文解字》，原来这个字（"洀"）就是古代的"魄"字。洀，指水浅的样子。这条河从汉代以来就没有名字，只视它为一条清浅的小河，或许是正好以"洀"给它命名呢？

原文

世中书翰，多称"勿勿"，相承如此，不知所由，或有妄言此"忽忽"之残缺耳。案《说文》："勿者，州里所建之旗也，象其柄及三斿之形[1]，所以趣民事[2]。故悤遽者称为'勿勿'[3]。"

注释

①斿（liú）：古代旌旗上的一种下垂的饰物。
②趣：即"促"，催促。
③悤遽（cōng jù）：匆促。

译文

世人的书信中常有"勿勿"这个词，历来都这样写，但不知道来源，有人乱下结论说是"忽忽"的残缺字。经考据，《说文解字》上说："勿，是过去州里所树的旗帜，这个字像旗杆和旗帜末端三条飘带的形状，是用来催促农民抓紧务农的。所以才把勿忙、急迫称为'勿勿'"。

原文

　　吾在益州，与数人同坐，初晴日晃，见地上小光，问左右："此是何物？"有一蜀竖就视①，答云："是豆逼耳。"相顾愕然，不知所谓。命取将来，乃小豆也。穷访蜀土，呼粒为逼，时莫之解。吾云："《三苍》《说文》，此字白下为匕，皆训粒，《通俗文》音方力反。"众皆欢悟。

注释

①竖：僮仆。

译文

　　我在益州时，和几个人一起坐着，天刚刚放晴，阳光灿烂，看到地上有个发光的小光点，就问左右的人："这是什么？"有一个从蜀地来的僮仆看了看，回答说："是豆逼。"大家互相看着，很惊愕，不明白他说的是什么。我叫他取来，原来是个小豆。后来我遍访了蜀地，（那里的人）都把"粒"叫作"逼"，当时的人都不能解释原因。我说："在《三苍》《说文解字》等书中，这个字就是'白'下面加'匕'字，都解释为'粒'。《通俗文》里给它注的音是'方力反'。"大家明白后都很高兴。

原文

　　愍楚友婿窦如同从河州来①，得一青鸟，驯养爱玩，举俗呼之为鹖。吾曰："鹖出上党，数曾见之，色并黄黑，无驳杂也。故陈思王《鹖赋》云：'扬玄黄之劲羽。'"试检《说文》："鸠雀似鹖而青，出羌中。"《韵集》音"介"。此疑顿释。

注释

①友婿：连襟，同门女婿间的称呼。

译文

　　愍楚的连襟窦如同从河州回来，他（在河州）得到一只青色的鸟，驯养它，玩得很好，所有的人都称它为"鹖"。我说："鹖鸟产自上党，我曾经见过数次，它的羽毛是黄黑两色的，没有斑驳的杂色。所以曹植的《鹖赋》中说：'鹖张开黑黄色的劲翅。'"我试着翻《说文解字》，上面说："鸠雀和鹖相似，但它的羽毛是青色的，产自羌中。"《韵集》里认为这个字的读音是"介"。这个问题到此解决了。

原文

梁世有蔡朗者讳纯，既不涉学，遂呼莼为露葵。面墙之徒[1]，递相仿效。承圣中，遣一士大夫聘齐，齐主客郎李恕问梁使曰[2]："江南有露葵否？"答曰："露葵是莼，水乡所出。卿今食者绿葵菜耳。"李亦学问，但不测彼之深浅，乍闻无以覈究[3]。

注释

①面墙之徒："如面壁而立，一无所见"的简语，指蒙昧无知的人。
②主客郎：古代官名，负责对外接待。
③覈（hé）究：查验，核实。

译文

梁朝有个叫蔡朗的人避讳"纯"字，他又没有学识，于是就把莼菜称作露葵。无知的人就跟在他后面互相效仿。承圣年间，梁朝派遣一位士大夫出使北齐，北齐主客郎李恕就问这位梁朝使臣说："江南地区有露葵吗？"使者回答说："露葵就是莼菜，是水乡出产的物产。您今天吃的是绿葵菜罢了。"李恕也是个有学识的人，但是不清楚对方学问深浅，乍一听这个说法也无从考据。

原文

思鲁等姨夫彭城刘灵，尝与吾坐，诸子侍焉。吾问儒行、敏行曰："凡字与谘议名同音者[1]，其数多少，能尽识乎？"答曰："未之究也，请导示之。"吾曰："凡如此例，不预研检，忽见不识，误以问人，反为无赖所欺，不容易也。"因为说之，得五十许字。诸刘叹曰："不意乃尔[2]！"若遂不知，亦为异事。

注释

①谘议：刘灵的官号。
②不意乃尔：没想到会这样。

译文

思鲁等人的姨丈是彭城的刘灵，他曾与我一起闲坐聊天，他的几个儿子在一旁陪着。我问儒行、敏行，说："和你父亲的名字读音相同的字一共有多少个？你们都认识吗？"他们回答说："我们没有研究过这个问题，还请您教导我们。"我说："凡是这类的字，如果不提前研究查验，忽然见到又不认识，错拿着去问别人，反而会被小人欺负，不能轻

率地对待啊。"于是我为他们解答了这个问题，大约有五十个字。刘灵的儿子们感叹说："没想到会这样啊！"要是他们一直都不知道，那也算一件怪事。

原文

校定书籍，亦何容易，自扬雄、刘向，方称此职耳。观天下书未遍，不得妄下雌黄①。或彼以为非，此以为是；或本同末异，或两文皆欠②，不可偏信一隅也。

注释

①雌黄：古人用黄纸写字，有误就用雌黄涂掉重写。
②欠：不足。

译文

校勘核定书籍，是很不容易的，像扬雄、刘向这样的人才能胜任这个工作。没有读遍天下的书，就不能随意改动书中的字。有时认为那个版本是错的，又认为这个版本是对的，有时认为两个版本没有什么差别，有时认为两个版本都不妥当，所以不能偏信一种说法。

典故品读

刘勰佛殿夜读

刘勰从小就失去了父母，家人给他留下的唯一财产就是书籍。所以虽然他一个人靠砍柴为生，日子过得十分艰难，但却很喜欢读书，也很珍惜书。他经常读书到半夜，因为没钱买灯油，于是便跑到离家十几里路的金华寺，借着微弱的佛灯看书。

有时候读书读得太入迷了，他竟情不自禁地读出声来。从大殿附近经过的小和尚听到大殿半夜里有声响，以为里面闹鬼，便慌忙跑去向老和尚报告。

金华寺的老方丈名叫僧祐，很有学问。他看过千卷佛经，并且可以很娴熟地背诵出来，而且在他住的禅房里还收藏着不少古代名著。

这天，老方丈刚刚读完经，就看到夜里值班的小和尚慌慌张张地跑过来，禀报说："大殿里的佛祖显灵了，我亲眼看见有佛身摆动，还能听到琅琅的诵经声呢。"那老方丈半信半疑，决定去看个明白。

第二天天刚黑，老方丈就暗暗藏在大殿等候。夜慢慢深了，除了风声和摇曳的烛火，再也没有其他动静。老方丈正在纳闷时，突然发现有个瘦小的身影从墙外跳进来。他轻手轻脚地走进大殿，原来是个孩子。

老方丈问道："这么晚了，你爬进寺庙想做什么？"

"我……我是来借灯读书的。"刘勰从怀里掏出一本书，结结巴巴地说。

老方丈听完刘勰的解释，很感动。他亲切地抚摸着刘勰的肩膀说："有志气！如果你不嫌弃，就跟着我一起读书吧！"

刘勰就这样拜了师傅，并且更加用功读书了。后来，他写出了一部影响深远的文学理论著作——《文心雕龙》。

薛谭学琴

古时候，有个名叫薛谭的青年拜歌唱家秦青为师。薛谭下功夫学习，进步很快，没多久就成为秦青学生中的佼佼者。

薛谭学了一段时间，自以为把老师唱歌的技艺都学到了，便对秦青说："老师，我已经学得差不多了，想回家去。"

秦青知道薛谭有很好的天赋，但也知道他有自满情绪，便决定不从正面加以劝阻，而是说："你要离开，我不阻拦你。让我在大道上为你饯行吧！"

到了离别那天，秦青带了一些学生把薛谭送到大路上。秦青特地备了酒菜，为薛谭送行。喝完酒后，秦青对薛谭说："我谱了一曲新歌，本想以后教你的。现在你要走了，我就在这儿唱一遍，作为临别的纪念吧！"接着，秦青一面打着节拍，一面唱了起来。歌声悲壮雄浑，充满了真挚的感情，仿佛路旁的树木也受到了感染，一动不动地立定倾听；仿佛天上的云彩也被吸引得止住了脚步，不再飘动。

薛谭听了老师的歌，这才知道自己和老师相比，还差得远呢。于是，薛谭返回秦家，继续跟秦青学唱歌，从此再也没说过要回去的话。

文章第九

原文

　　夫文章者，原出"五经"：诏命①策檄，生于《书》者也；序述论议②，生于《易》者也；歌咏赋颂③，生于《诗》者也；祭祀哀诔④，生于《礼》者也；书奏⑤箴铭，生于《春秋》者也。朝廷宪章，军旅誓⑥诰，敷显仁义，发明功德，牧民建国，施用多途。至于陶冶性灵，从容讽谏，入其滋味⑦，亦乐事也。行有余力，则可习之。然而自古文人，多陷轻薄：屈原露才扬己，显暴君过；宋玉体貌容冶，见遇俳优；东方曼倩，滑稽不雅；司马长卿，窃赀无操；王褒过章《僮约》；扬雄德败《美新》；李陵降辱夷虏；刘歆反覆莽世；傅毅党附权门；班固盗窃父史；赵元叔抗竦过度；冯敬通浮华摈压；马季长佞媚获诮；蔡伯喈同恶受诛；吴质诋忤乡里；曹植悖慢犯法；杜笃乞假无厌；路粹隘狭已甚；陈琳实号粗疏；繁饮性无检格；刘桢屈强输作；王粲率躁见嫌；孔融、祢衡，诞傲致殒；杨修、丁廙，扇动取毙；阮籍无礼败俗；嵇康凌物凶终；傅玄忿斗免官；孙楚矜夸凌上；陆机犯顺履险；潘岳干没取危；颜延年负气摧黜；谢灵运空疏乱纪；王元长凶贼自诒；谢玄晖侮慢见及。凡此诸人，皆其翘秀⑧者，不能悉记，大较如此。至于帝王，亦或未免。自昔天子而有才华者，唯汉武、魏太祖、文帝、明帝、宋孝武帝，皆负世议，非懿德之君也。自子游、子夏、荀况、孟轲、枚乘、贾谊、苏武、张衡、左思之俦，有盛名而免过患者，时复闻之，但其损败居多耳。每尝思之，原其所积，文章之体，标举兴会，发引性灵，使人矜伐，故忽于持操，果于进取。今世文士，此患弥切，一事惬当，一句清巧，神厉九霄，志凌千载，自吟自赏，不觉更有傍人。加以砂砾所伤，惨于矛戟，讽刺之祸，速乎风尘，深宜防虑，以保元吉⑨。

注释

①命：古代政府的一种公文。

②序述论议：均为古代文体名。

③歌咏赋颂：均为古代诗体或韵文体名。

④祭礼哀诔：均为古代哀祭类文体名。

⑤书奏：指书简、奏章等。

⑥誓：告诫将士或互相约束的言辞。

⑦滋味：味道。此指对文章魅力的感受。

⑧翘秀：杰出人才。

⑨元：大。吉：福。

译文

　　文章都来源于"五经"：诏、命、策、檄，出自《尚书》；序、述、论、议，出自《周易》；歌、咏、赋、颂，出自《诗经》；祭、祀、哀、诔，出自《礼记》；书、奏、箴、铭，出自《春秋》。朝迁中的典章制度，军队里的誓、诰之辞，传布显扬仁义，阐发彰明功德，统治人民，建设国家，文章的用途是多种多样的。至于以文章陶冶情操，或抒发胸臆，或对婉言劝谏，品味含义都是一件快乐的事。在奉行忠孝仁义尚有过剩精力的情况下，也可以学学这类文章。但是自古以来，文人多陷于轻薄：屈原表露才华，自我宣扬，暴露国君的过失；宋玉相貌艳丽，被当作俳优对待；东方朔言行滑稽，缺乏雅致；司马相如窃人钱财，不讲节操；王褒私入寡妇之门，在《僮约》一文中自我暴露；扬雄作《剧秦美新》歌颂王莽，其品德因此遭到损害；李陵向外族俯首投降；刘歆在王莽的新朝反复无常；傅毅投靠依附权贵；班固剽窃他父亲史书；赵壹为人过分倨傲；冯衍

因秉性浮华屡遭排挤；马融谄媚权贵遭到嘲讽；蔡邕结交恶人遭惩罚；吴质在乡里仗势横行；曹植傲慢不驯，触犯刑法；杜笃向人借贷，不知满足；路粹心胸过分狭隘；陈琳确实粗枝大叶；繁钦不知检点约束；刘桢性情倔强，被罚做苦工；王粲轻率急躁，遭人嫌弃；孔融、祢衡放诞倨傲，招致杀身之祸；杨修、丁廙鼓动曹操立曹植为太子，反而自取灭亡；阮籍蔑视礼教，伤风败俗；嵇康盛气凌人，不得善终；傅玄负气争斗，被免掉官职；孙楚恃才自负，冒犯上司；陆机违反正道，自走绝路；潘岳唯利是图，不知进退，以致遭到伤害；颜延年意气用事，遭到废黜；谢灵运空放粗略，扰乱朝纪；王融凶恶残忍，咎由自取；谢朓对人轻忽傲慢，因而遭到陷害。以上这些人，都是文人中出类拔萃之辈，其他不能全数记载下来，大致就是这样了。至于帝王，有时也难避免这些毛病。过去身为天子而有才华的，只有汉武帝、魏太祖、魏文帝、魏明帝、宋孝武帝等几个人，他们都遭到世人的议论，并不是具有美德的君主。子游、子夏、荀况、孟轲、枚乘、贾谊、苏武、张衡、左思这类人，有盛名而又能避免过失的，不时也可听到，但他们中间遭受祸患的还是占多数。我常常思考这个问题，推究其中的原因，文章的本质就是揭示兴味，抒发性情，容易使人恃才自夸，因而忽视操守，一味追求名利。今天的文人，这个毛病更加明显，他们若是一个典故用得快意妥当，一句诗文写得清新奇巧，就神采飞扬直达九霄，心潮澎湃雄视千载，独自吟诵叹赏，不觉世上还有旁人。再加上流言带来的伤害，比矛、戟等武器更加残酷，讽刺带来的灾祸，比狂风闪电还要迅速，你们应该特别加以防备，以保大福。

原文

学问有利钝，文章有巧拙。钝学累功，不妨精熟；拙文研思，终归蚩鄙。但成学士，自足为人。必乏天才，勿强操笔。吾见世人，至无才思，自谓清华，流布丑拙，亦以众矣，江南号为呤痴符①。近在并州，有一士族，好为可笑诗赋，诮擊邢、魏诸公②，众共嘲弄，虚相赞说，便击牛酾酒，招延声誉。其妻，明鉴妇人也，泣而谏之。此人叹曰："才华不为妻子所容，何况行路！"至死不觉。自见之谓明，此诚难也。

注释

①呤（líng）痴符：旧时方言，指没有才学而好夸耀的人。
②邢、魏诸公：指邢邵、魏收等人。

译文

做学问有快与慢的区别，写文章有巧与拙的不同。做学问缓慢的人只要肯多下功夫，就会达到精熟；写文章笨拙的人再怎么刻苦钻研思考，终究也难免流于陋劣。其实只要有了学问，就足以成就事业了。如果真的是天生缺乏资质，还是不必勉强执笔去写文章为好。我见到世人中，不乏一些极其缺乏才思，却还自以为所著文章清新华丽，让其丑拙的文章流传在外的人。这样的人真是数不胜数，这在江南被称为"诮痴符"。近来在并州地方，有个士族出身的人，喜欢写引人发笑的诗赋，还和邢邵、魏收等人开玩笑，人家嘲弄他，假意称赞他，他就杀牛斟酒，大肆宴请大家，希望人家帮他扩大声誉。他的妻子是个明白事理的女人，哭着劝他，他却叹气说："我的才华连自己的妻子和孩子都不认可，何况那些不相干的人呢！"他到死也没有醒悟。自己能看清自己才叫明，这确实是很难做到的。

原文

学为文章，先谋亲友，得其评裁，知可施行，然后出手；慎勿师心①自任，取笑旁人也。自古执笔为文者，何可胜言。然至于宏丽精华，不过数十篇耳。但使不失体裁②，辞意可观，便称才士；要须动俗盖世，亦俟河之清乎！

注释
①师心：以已意为师，即自以为是。
②体裁：这里是文章的结构体裁。

译文
　　学写文章，首先要请教亲友，得到他们的评点，知道怎么写了，方能出手，千万不能自我感觉良好，让外人取笑。自古以来执笔写文章的，数不胜数，但真能做到气势宏伟、词汇精准的文章，只不过数十篇而已。所写文章，只要体裁没有问题，文章内容也还值得一看，那么就可称得上是才士了。但是如果一定要写出惊世骇俗压倒当世的文章，那恐怕就像黄河要澄清那样很难等到了。

原文

不屈二姓，夷、齐①之节也；何事非君，伊、箕②之义也。自春秋已来，家有奔亡，国有吞灭，君臣固无常分矣；然而君子之交绝无恶声，一旦屈膝而事人，岂以存亡而改虑？陈孔璋③居袁裁书，则呼操为豺狼；在魏制檄，则目绍为蛇虺④。在时君所命，不得自专，然亦文人之巨患也，当务从容消息⑤之。

译文
①夷、齐：伯夷、叔齐。

②伊：伊尹，商朝大臣。箕：箕子，商纣王叔父。

③陈孔璋：陈琳，字孔璋，汉末文学家，建安七子之一。

④蛇虺（huǐ）：蛇、虺皆为蛇类，此喻凶残狠毒之人。

⑤消息：此处是斟酌的意思。

译文

不向第二个朝代屈身，是伯夷、叔齐的操守；可侍奉任何君主，是伊尹、箕子所恃的道义。春秋以来，卿大夫的家族变迁流离，国家被消灭，君主与臣子之间就没有固定的名分了；然而君子之间往来，是绝对不会招致什么不好的名声的，一旦屈膝侍奉另主，怎么可以因故主的存亡而改变自己的立场呢？

陈琳跟着袁绍的时候，就称曹操为豺狼；而跟着曹操时，又称袁绍为毒蛇。这是当时君主的命令，由不得自己，但这也是文人的通病，应该好好地考虑。

原文

或问扬雄曰："吾子少而好赋？"雄曰："然。童子雕虫篆刻，壮夫不为也。"余窃非之曰：虞舜歌《南风》之诗，周公作《鸱鸮》之咏，吉甫、史克《雅》《颂》之美者，未闻皆在幼年累德也。孔子曰："不学《诗》，无以言。""自卫返鲁，乐正，《雅》《颂》各得其所。"大明孝道，引《诗》证之。扬雄安敢忽之也？若论"诗人之赋丽以则，辞人之赋丽以淫"，但知变之而已，又未知雄自为壮夫何如也？著《剧秦美新》，妄投于阁，周章怖慴，不达天命，童子之为耳。桓谭以胜老子，葛洪以方仲尼，使人叹息。此人直以晓算术，解阴阳，故著《太玄经》，数子为所惑耳；其遗言余行，孙卿、屈原之不及，安敢望大圣之清尘？且《太玄》今竟何用乎？不啻覆酱瓿而已。

译文

有人曾向扬雄发问："你小时候喜欢作诗吗？"扬雄答道："当然喜欢。诗赋就好像学童所练的虫书、刻符，成年人总是对此不屑一顾。"我私下不赞同这种说法：虞舜歌吟的《南风》、周公所作的《鸱鸮》，尹吉甫、史克各有《雅》《颂》中的那些杰作，但并没有听说因为这些是他们小时候所写而损害了他们的品行。孔子说："不学《诗经》，就不会说话。"又说："我从卫国回到鲁国，整理了《诗经》的乐章，使《雅》《颂》各得其所。"孔子主张孝道，就用《诗经》来进行检验。扬雄怎么可以忽略这些呢？若像他所说"诗人的赋华美而合乎逻辑，词人的赋华美而过分淫滥"，这只不过是道出了二者的区别而已，却并不能说明作为一个成年人该去做什么。他写了《剧秦美新》，糊里糊涂地从天禄阁上往下跳，惊慌失措，不能通达天命，那才是小孩子的行为呢！桓谭认为扬雄的成就胜过老子，葛洪也将扬雄与孔子相提并论，实在是让人叹息不止。扬雄不过是因为通晓术数，懂得阴阳之学，因而撰写了《太玄经》，就这样便将那几个人诱惑了。他所说的话，所做的事，还赶不上荀子和屈原呢，又怎能将他与大圣人相提并论呢？更何况《太玄经》在今天又能产生什么作用呢？恐怕跟酱缸的盖子所起的作用没多大的差别吧。

原文

> 齐世有席毗者，清干之士，官至行台尚书，嗤鄙文学，嘲刘逖云："君辈辞藻，譬若荣华①，须臾之玩，非宏才也；岂比吾徒千丈松树，常有风霜，不可凋悴矣！"刘应之曰："既有寒木，又发春华，何如也？"席笑曰："可哉！"

注释

①荣华：朝菌，见日则死。

译文

北齐有个大将名叫席毗，聪明有才干，官达行台尚书。他看不起文学，讥笑刘逖说："你们这些人的文章，就好像花草，只能供人赏玩一会儿，而根本算不上栋梁，怎么能跟我这样遇到风霜而坚挺的千丈松树相比呢！"刘逖说："既可以耐寒，又可以开花，你觉得这样如何啊？"席毗笑着答道："那当然是再好不过了！"

原文

> 凡为文章，犹人乘骐骥，虽有逸气①，当以衔勒制之，勿使流乱轨躅②，放意填坑岸也。

注释

①逸气：俊逸之气。

②轨躅（zhú）：本指车辙，引申为规范。

译文

凡是做文章，就好像人骑千里马，虽然豪逸奔放，但还是得勒住缰绳，不要放任它，乱了奔走的方向，以免坠入沟壑。

原文

文章当以理致①为心肾，气调为筋骨，事义②为皮肤，华丽为冠冕。今世相承，趋末弃本，率多浮艳。辞与理竞，辞胜而理伏；事与才争，事繁而才损。放逸者流宕而忘归，穿凿者补缀而不足。时俗如此，安能独违？但务去泰去甚耳。必有盛才重誉，改革体裁者，实吾所希。

注释

①理致：指作品的思想情趣。

②事义：指作品所运用的材料。

译文

文章要以道理意致作为心肾，气韵格调作为筋骨，情节用典作为皮肤，华丽辞藻作为冠冕服饰。如今世代传承的文章，都是弃本求末，大多过于浮华。文辞与义理比较，突出文辞而掩盖道理；用典和才思相比，繁复用典而致才思受损；肆意飘逸奔放的，忘掉了文章的主旨；穿凿拘泥的，往往因东修西补而造成文意不通，文采不足。现在的通常流行习俗就是这样，自己也不好另立门户，但求不要做得太过分就行了。一定会有个才高名重的大才，出来对这种文体进行改革，那才是我所盼望的呢！

原文

古人之文，宏材逸气，体度风格，去今实远；但缉缀疏朴，未为密致耳。今世音律谐靡，章句偶对，讳避精详，贤于往昔多矣。宜以古之制裁为本，今之辞调为末，并须两存，不可偏弃也。

译文

古人作的文章，气势宏大，潇洒飘逸，其体裁风格都比当今的文章要高出很多。只是古人在结撰编著的过程中，用词造句、修饰加工等方面还粗疏质朴，不够周密细致。如今的文章，音律和谐华丽，词句整齐相对，避讳精细详密，这些都比古人的高超多了。应该用古人的体制为根本，以今人的文辞作补充，做到两者并存，不可以偏废。

原文

吾家世文章，甚为典正，不从流俗。梁孝元在蕃邸时，撰《西府新文》，讫无一篇见录者，亦以不偶于世，无郑、卫之音故也。有诗、赋、铭、诔、书、表、启、疏二十卷，吾兄弟始在草土[1]，并未得编次，便遭火荡尽，竟不传于世。衔酷茹恨，彻于心髓！操行见于《梁史·文士传》及孝元《怀旧志》。

注释

①草土：居丧，古时居父母之丧者睡草席枕土块，故曰草土。

译文

先祖的文章十分典雅纯正，不随流俗。梁孝元帝在湘东王府时编录的《西府新文》，咱们先祖的文章一篇都没有被收集进去，就是因为文风不够浮艳，不迎合世人的口味。先祖留有诗、赋、铭、诔、书、表、启、疏等各种文体的文章总共二十卷，我们兄弟当时在服丧期间，还没有来得及分类整理，就遭遇大火，被烧得精光，最终没有流传下来。我痛心疾首。先祖的操守品行载于《梁史·文士传》和梁元帝的《怀旧志》。

原文

沈隐侯曰："文章当从三易：易见事，一也；易识字，二也；易读诵，三也。"邢子才常曰："沈侯文章，用事不使人觉，若胸臆语也。"深以此服

之。祖孝徵亦尝谓吾曰："沈诗云：'崖倾护石髓。'此岂似用事邪？"

译文

沈约说："写文章要遵从'三易'的原则：一是叙事用典浅显易懂；二是文字简单容易识认；三是方便诵读记忆。"邢子才常说："沈约的文章，别人都觉察不出其用典录事，仿佛直抒胸臆一样。"我也由此而非常钦佩他。祖孝徵也曾对我说："沈约的诗说'崖倾护石髓'，这句诗难道真的像是在用典吗？"

原文

邢子才、魏收俱有重名，时俗准的①，以为师匠。邢赏服②沈约而轻任昉，魏爱慕任昉而毁③沈约，每于谈宴，辞色以之。邺下纷纭，各有朋党。祖孝徵尝谓吾曰："任、沈之是非，乃邢、魏之优劣也。"

注释

①准的：标准，准则。
②赏服：欣赏佩服。
③毁：诽谤，说坏话。

译文

邢子才、魏收两个人均负有盛名，当时的人都把他们作为模范，奉为宗师。邢子才赞赏沈约而轻视任昉，魏收仰慕任昉而诋毁沈约，他们在一起吃饭聊天时，经常为此争得面红耳赤。邺城的人对此也是说法不一，两人都有自己的朋党。祖孝徵曾对我说："任昉、沈约两人的是是非非，事实上恰恰反映了邢子才、魏收的高下。"

原文

《吴均集》有《破镜赋》。昔者，邑号朝歌，颜渊不舍；里名胜母，曾子敛襟：盖忌夫恶名之伤实也。破镜乃凶逆之兽，事见《汉书》，为文幸避此名也。比世往往见有和人诗者，题云敬同，《孝经》云："资于事父以事君而敬同。"不可轻言也。梁世费旭诗云："不知是耶①非。"殷沄诗云："飙飔云母舟。"简文曰："旭既不识其父，沄又飙飔其母。"此虽悉古事，不可用也。世人或有文章引《诗》"伐鼓渊渊"者，《宋书》已有屡游之诮；如此流比②，幸须避之。北面事亲，别舅摛《渭阳》之咏；堂上养老，送兄赋桓山之悲，皆大失也。举此一隅，触涂③宜慎。

注释

①耶：南朝俗称父亲为"耶"。

②流比：同类比照类推。

③触途：处处。

译文

　　《吴均集》中有一篇《破镜赋》。从前有个朝歌城，就因为这个地名，颜渊便不在这里居住；有个胜母乡，曾子到这后，整整衣襟就离开了。这也许是因为他们忌讳不好的名称会损坏事物原有的内涵吧。"破镜"是一种凶恶的野兽，出自《汉书》，写作时希望你们要避免用类似的名称。近来常看到有人随和别人的诗作，在和诗的标题上写着"敬同"二字。《孝经》里说："资于父以事君而敬同。"所以"敬同"这个词是不可以随便使用的。梁朝费旭的诗中曾说："不知是耶非。"殷沄的诗曾说："飘飏云母舟。"简文帝讥讽说："费旭既不认识他的父亲，殷沄又让他母亲到处漂泊。"这些虽然都已经是往事了，但是你们也要注意不可轻率引用。有人在作文时引用《诗经》的"伐鼓渊渊"，《宋书》对这些不懂得用反语的人曾予以讥讽。像这样的词句，你们一定要避免使用。如果在侍奉母亲、与舅舅分别时，却尽情吟唱《渭阳》；如果在侍养老父、送别兄长时，却以"桓山之鸟"来表现自己的悲痛情绪，这些可就是大忌了。列举这些例子，你们要懂得触类旁通，举一反三，处处谨慎小心。

原文

　　江南文制①，欲人弹射，知有病累，随即改之，陈王得之于丁廙也。山东风俗，不通击难②。吾初入邺，遂尝以此忤人，至今为悔；汝曹必无轻议也。

注释

①文制：制文，写文章。
②击难：攻击，责难。

译文

　　江南人写作，总是盼望听到别人的批评责备，一旦发现毛病，就立刻修改。陈思王曹植就是从丁廙那里学到了这种习惯的。山东地区的风俗，不喜欢别人对自己的文章进行批评指导。我刚到邺城之时，曾因批评别人的文章而得罪他人，至今还为此懊悔。你们可别轻易地就去评论别人的文章啊。

原文

　　凡代人为文，皆作彼语，理宜然矣。至于哀伤凶祸之辞，不可辄代。蔡邕为胡金盈作《母灵表颂》曰："悲母氏之不永，然委我而凤丧。"又为胡颢作其父铭曰："葬我考议郎君。"《袁三公颂》曰："猗欤我祖，出自有妫。"王粲为潘文则《思亲诗》云："躬此劳悴，鞠予小人；庶我显妣，克保遐年①。"而并载乎邕、粲之集，此例甚众。古人之所行，今世以为讳。陈思王《武帝诔》，遂深永蛰之思；潘岳《悼亡赋》，乃怆手泽之遗。是方父于虫，匹妇于考也。蔡邕《杨秉碑》云："统大麓之重。"潘尼《赠卢景宣诗》云："九五思飞龙。"孙楚《王骠骑诔》云："奄忽登遐②。"陆机《父诔》云："亿兆③宅心，敦叙百揆④。"《姊诔》云："伣天⑤之和。"今为此言，则朝廷之罪人也。王粲《赠杨德祖诗》云："我君饯之，其乐泄泄⑥。"不可妄施人子，况储君乎？

注释

①遐年：高龄，长寿。
②奄忽：指死亡。登遐：指君主驾崩。
③亿兆：极言数量之多。
④百揆（bǎi kuí）：百官及天下各种政务。

⑤伣天（qiàn tiān）：譬喻如天，表示尊崇的意思。伣：譬喻。
⑥泄泄（yì）：闲散自得的样子。

译文

凡是替别人写作，就都要用别人的口气，按理说这是必需的。但那些表达哀伤凶祸内容的文章，最好不要随便替人写作。蔡邕为胡金盈作《母灵表颂》说："悲伤母亲享年不长，就这样抛下我而去。"又为胡颢的父亲写墓志铭说："埋葬我的亡父议郎君。"还有《袁三公颂》说："我的祖先，出自妫姓。"王粲替潘文写《思亲诗》说："含辛茹苦把我养大，希望我去世的母亲保佑我长寿安康。"这几篇文章都收录在蔡邕、王粲的文集里，此类例子有不少。古人的这些做法，今天看来是触犯了忌讳。曹植的《武帝诔》里，用"永蛰"一词来表现对亡父的深切怀念；潘岳的《悼亡赋》用"手泽"一词来抒发看到亡妻遗物而勾起的悲伤。前者将父亲比喻成了冬眠的昆虫，后者则将亡妻跟亡父放在一个位置上。蔡邕的《杨秉碑》说："统大麓之重。"潘尼的《赠卢景宣诗》说："九五思飞龙。"孙楚的《王骠骑诔》说："奄忽登遐。"陆机的《父诔》说："亿兆宅心，敦叙百揆。"《姊诔》说："伣天之和。"如果今天依然沿用这种写法，早成了朝廷的千古罪人了。王粲的《赠杨德祖诗》说："我君饯之，其乐泄泄。"像这种表示母子言和的话不能用在别人身上，更何况是太子呢？

原文

挽歌辞者，或云古者《虞殡》①之歌，或云出自田横②之客，皆为生者悼往告哀之意。陆平原③多为死人自叹之言，诗格既无此例，又乖制作本意。

注释

①《虞殡》：挽歌名。

②田横：秦末起义首领。原为齐国贵族，秦朝末年与其兄弟起义反秦，自立为王。

③陆平原：指陆机，西晋著名文学家、书法家。

译文

挽歌的歌词，有人说是旧时的《虞殡》之歌，有人说出自田横的门客，都是活着的人用来追悼死者表达哀痛的。陆机写的挽歌诗大多是死者自叹之言，诗的体例中既没有这样的例子，又违背了作诗的本意。

原文

凡诗人之作，刺箴美颂，各有源流，未尝混杂，善恶同篇也。陆机为《齐讴篇》，前叙山川物产风教之盛，后章忽鄙山川之情，殊失厥体。其为《吴趋行》，何不陈子光①、夫差乎？《京洛行》，胡不述赧王②、灵帝③乎？

注释

①子光：即春秋时吴王阖闾，一作阖庐，姬姓，名光，又称公子光。

②赧王：指周赧王，周朝最后一位君主。

③灵帝：指汉灵帝刘宏。

译文

诗人的作品，不管是讽刺的，还是针砭的，还是颂扬赞美的，都有它本来的源头，不会将贬恶扬善的内容混淆在一处。陆机作《齐讴篇》，在前半部分讲述山川物产风俗教化的盛况，却在后半部分时忽然出现了鄙视山川的情怀，这就与诗的体制违背了。他写的《吴趋行》，为什么不谈及吴王阖闾、夫差的事呢？他写的《京洛行》，又为什么不提周赧王、汉灵帝的事呢？

原文

自古宏才博学，用事误者有矣；百家杂说，或有不同，书傥湮灭，后人不见，故未敢轻议之。今指知决纰缪者，略举一两端以为诫。《诗》云："有鷕①雉鸣。"又曰："雉鸣求其牡②。"《毛传》亦曰："鷕，雌雉声。"又云："雉之朝雊，尚求其雌。"郑玄③注《月令》亦云"雊，雄雉鸣。"潘岳赋曰："雉鷕鷕以朝雊。"是则混杂其雄雌矣。《诗》云："孔怀兄弟。"孔，甚也；怀，思也，言甚可思也。陆机《与长沙顾母书》，述从祖弟士璜死，乃言："痛心拔脑，有如孔怀。"心既痛矣，即为甚思，何故方言有如也？观其此意，当谓亲兄弟为孔怀。《诗》云："父母孔迩。"而呼二亲为孔迩，于义通乎？《异物志》云："拥剑状如蟹，但一螯④偏大尔。"何逊诗云："跃鱼如拥剑。"是不分鱼蟹也。《汉书》："御史府中列柏树，常有野鸟数千，栖宿其上，晨去暮来，号朝夕鸟。"而文士往往误作乌鸢用之。《抱朴子》说项曼都诈称得仙，自云："仙人以流霞一杯与我饮之，辄不饥渴。"而简文诗云："霞流抱朴碗。"亦犹郭象以惠施之辨为庄周言也。《后汉书》："囚司徒崔烈以银铛锁。"银铛，大锁也；世间多误作金银字。武烈太子亦是数千卷学士，尝作诗云："银锁三公脚，刀撞仆射头。"为俗所误。

注释

①鹥（yǎo）：雌野鸡的叫声。

②牡：指雄野鸡。

③郑玄：东汉经学家，汉代经学的集大成者。

④螯：节肢动物身前的大爪，形如钳。这里指螃蟹的大钳。

译文

从古至今，那些才华横溢、博学多才的人才，作诗的时候引用典故时出现差错的也是大有人在；诸子百家的杂说，对相同的事物持不同的看法，如果这些书籍一旦湮没，那么后人就再也看不到了。因此我也不能妄加评论。现在我只指出那些绝对错误的，简单举几个例子让你们引以为戒。《诗经》说："有鹥雉鸣。"又说："雉鸣求其牡。"《毛诗训诂传》也说："鹥，是雌雉的鸣叫声。"《诗经》又说："雄之朝雊，尚求其雌。"郑玄注的《月令》也说："雊，是雄雉的鸣叫声。"而潘岳的赋说："雄鹥鹥以朝雊。"如此看来就混淆了雄雌二者的区别。《诗经》里说："孔怀兄弟。"孔，就是非常之意；怀，就是思念之意。孔怀便是非常想念之意。陆机的《与长沙顾母书》，讲述了从祖弟陆士璜之死，却说："痛心拔脑，有如孔怀。"既然心中感到痛苦，自然是十分想念了，为什么还要说"有如"呢？看来他话语中的意思是把"孔怀"理解为亲兄弟了。《诗经》说："父母孔迩。"如果依据陆机的理解，则应将父母称作"孔迩"了，这样如何能说得通呢？《异物志》说："拥剑的形状如蟹，只是有一只螯偏大。"何逊的诗却说："跃鱼如拥剑。"这就是不区分鱼和蟹了。《汉书》说："御史府中排列着一行柏树，经常有数千只野鸟栖息在上面，这些鸟早上飞走了，傍晚又飞回来，因而称之为朝夕鸟。"但文人墨客却往往将"鸟"字误当"乌鸢"的"乌"字来用。《抱朴子》说，项曼都伪称遇上仙人了，自言："仙人拿一杯'流霞'让我喝，我饥渴的感觉就消失了。"而简文帝的诗说："霞流抱朴碗。"这就跟郭象将惠施辩说的话当作庄周的话类似了。《后汉书》说："囚禁司徒崔烈用银铛锁。"银铛，即大的铁锁链，人们经常把"银"字误作金银的"银"字。武烈太子也是酷爱读书的学士，他却曾作诗："银锁三公脚，刀撞仆射头。"这是因其受世俗的影响而导致的错误。

　　文章地理，必须惬当。梁简文《雁门太守行》乃云："鹅军攻日逐，燕骑荡康居，大宛归善马，小月送降书。"萧子晖《陇头水》云："天寒陇水急，散漫俱分泻，北注徂黄龙，东流会白马。"此亦明珠之颣①，美玉之瑕，宜慎之。

注释

①颣（lèi）：原指丝上的疙瘩，这里指瑕疵、缺点。

译文

　　文章中提及地理的，必须精准。梁简文帝《雁门太守行》中说："鹅军攻日逐，燕骑荡康居。大宛归善马，小月送降书。"萧子晖曾经在《陇头水》中说："天寒陇水急，散漫俱分泻，北注徂黄龙，东流会白马。"这些都是明珠上的一点微小斑点，美玉上的一点瑕疵，应该相当认真地对待。

原文

　　王籍《入若耶溪》诗云："蝉噪林逾静，鸟鸣山更幽。"江南以为文外断绝，物无异议。简文吟咏，不能忘之，孝元讽味，以为不可复得，至《怀旧志》载于《籍传》。范阳卢询祖，邺下才俊，乃言："此不成语，何事于能？"魏收亦然其论。《诗》云："萧萧马鸣，悠悠旆旌①。"《毛传》曰："言不喧哗也。"吾每叹此解有情致，籍诗生于此耳。

①旆旌（pèi jīng）：旗帜。

译文

王籍的《入若耶溪》说："蝉噪林逾静，鸟鸣山更幽。"江南地方的人都认为此乃无可比及的绝句，没有人对此有异议。简文帝诵吟之后，总是无法忘怀。梁元帝也经常反复回味，认为这是难得的佳句，所以在《怀旧志》中仍收载入《王籍传》。范阳卢询祖，是邺城富有才华之人，他却说："这两句不是什么佳句，也看不出他有多高的艺术境界。"魏收对此观点持赞同态度。《诗经》说："萧萧马鸣，悠悠旆旌。"《毛诗诂训传》说："这是肃静不喧哗嘈杂的意思。"我每次都叹服这个解释真是别有情致。而王籍的这一诗句也正是由此而得到的。

原文

兰陵萧悫，梁室上黄侯之子，工于篇什。尝有《秋诗》云："芙蓉露下落，杨柳月中疏。"时人未之赏也。吾爱其萧散，宛然在目。颍川荀仲举、琅邪诸葛汉，亦以为尔。而卢思道之徒，雅所不惬。

译文

兰陵地区的萧悫，是梁上黄侯萧晔的儿子，最喜好作诗。他曾作过一首《秋诗》，诗中说："芙蓉露下落，杨柳月中疏。"那时的人们并不看好这两句诗，而我却很喜欢，我觉得它空远散淡，所联想的景象简直就是栩栩如生。颍川荀仲举、琅玡诸葛汉，也都同意我的看法。但是卢思道等人，对这两句诗却不太满意。

原文

何逊诗实为清巧，多形似①之言；扬都论者，恨其每病苦辛，饶贫寒气，不及刘孝绰之雍容也。虽然，刘甚忌之，平生诵何诗，常云："'蘧车响北阙'，恓恓不道车。"又撰《诗苑》，止取何两篇，时人讥其不广。刘孝绰当时既有重名，无所与让；唯服谢朓，常以谢诗置几案间，动静辄讽味。简文爱陶渊明文，亦复如此。江南语曰："梁有三何，子朗最多。"三何者，逊及思澄、子朗也。子朗信饶清巧。思澄游庐山，每有佳篇，亦为冠绝。

注释

①形似：此处是形象的意思，指描绘或表达具体、生动。

译文

何逊的诗真是清爽奇巧，而且形象生动的语言很多；而扬都的评论家却批评他的诗总是太多痛苦，用心太深，衰冷萧瑟之意太浓，没有刘孝绰的诗那样雍容闲和。虽然如此，刘孝绰还是很妒忌他，平时诵读他的诗句时，总是说："'蓬车响北阙'，悃悃不道车。"后来他又撰写了《诗苑》，却只选录了何逊的两首诗，当时的人们都嘲笑他心胸狭窄，不够大度。刘孝绰在当时已大名鼎鼎，所以也并无谦让可言。他只佩服谢朓，常常把谢朓的诗放在桌案上，动不动就讽诵玩味。梁简文帝因为喜欢陶渊明的诗，因此也常常像他这样做。江南有俗语说："梁朝有三何，子朗才气最足。""三何"指何逊、何思澄、何子朗。何子朗的诗也擅长清新奇巧。何思澄登游庐山时也常有好诗问世，他在当时也是桂冠级的诗人。

典故品读

韦编三绝

孔子三岁时父亲就去世了。他曾经当过牧童，看守过粮食，也当过给人家办丧事的吹鼓手。孔子十七岁那年，母亲也死去了。在安葬母亲的时候，孔子才找到了父亲的葬地，从而知道自己是贵族的后代。此后，他到一边干活，一边学习刻苦读书。

三十岁那年，孔子创办了一所私学，教了不少学生。五十岁时，他被鲁定公任命为中都（今山东省汶上县）宰；几年后，他成为鲁国大夫。五十五岁之后，他到各诸侯国去游历，直到六十八岁才回到鲁国。

孔子晚年时，对《周易》产生了极大的兴趣。该书内容包括《经》和《传》两部分，是一部内容相当广泛而又复杂的著作。《周易》用当时已经不多见的古文字写成，非常难读，孔子决心读通它。

当时的书，主要是以竹片制成的，称为"竹简"。竹简有一定的长度和宽度，必须用绳子之类的东西编连起来才能阅读。像《周易》这样的书，当然是由许多多竹简编连起来的，因此相当有重量。

孔子花了很大的精力，把《周易》全部读了一遍，读完第一遍基本上了解了它的内容。不久孔子又读了第二遍，掌握了它的基本要点。接着，他又读了第三遍，对其中的精神、道理有了透彻的理解。在这以后，为了深入研究这部书，又为了给弟子讲解，他不知翻阅了多少遍。这样读来读去，把串联竹简的牛皮带子也给磨断了几次，不得不多次换上新的带子再使用。

后人用"韦编三绝"这个成语来加以概括，孔子为读《周易》而翻断了多次牛皮带子的故事。

玉汝于成

北宋著名哲学家张载，年轻时喜欢研究兵法，并写信给陕西招讨副使范仲淹，要求参加与西夏的战斗。范仲淹对他的才学很欣赏，就劝他不必专谈兵书，好好读读儒家经书《中庸》。

张载读了《中庸》后，觉得说理太肤浅，就刻苦钻研哲学名著《周易》，逐渐形成了自己的唯物主义和朴素辩证法的哲学思想。

张载三十八岁才考中进士，先后做过几任地方官，因为他性情耿直，所以触犯了执政大臣。公元1069年，他辞职回到从小生活过的横渠镇。横渠地方偏僻，条件很差，但张载却不以为苦，恬然自安。人们称他为"横渠先生"。

在横渠，张载每天手不释卷，常常为了思考疑难问题而废寝忘食。每当深夜，妻儿都已熟睡，张载往往还在苦思冥想，偶有所得，就披衣下床，点起蜡烛，将其记下来。

公元1076年，张载从自己的哲学、历史著作《正蒙》中抽出两段，写在书房东西两扇门上，这就是有名的《东铭》和《西铭》。其中《西铭》中有一句"贫贱忧戚，庸玉汝于成也"，这句话的意思是，贫穷低贱和令人忧伤的客观条件，可以磨炼人的意志，用来帮助你达到成功。这是张载人生经验的总结。

名实第十

原文

名之与实①，犹形之与影②也。德艺周厚，则名必善焉；容色姝丽，则影必美焉。今不修身而求令名于世者，犹貌甚恶而责妍影于镜也。上士忘名，中士立名，下士窃名。忘名者，体道③合德，享鬼神之福佑，非所以求名也；立名者，修身慎行，惧荣观之不显，非所以让名也；窃名者，厚貌深奸，干浮华之虚称，非所以得名也。

注释

①名：名声。实：实质，实际。
②影：指从镜子等反射物中反映出来的物体的形象。
③道：事理，规律。

译文

名气对比实际，就好比实物对比影子。如果一个人能做到德才深厚，那他的名声一定不错；如果一个人面容姣好，那他的影子也一定是很美丽的。如果一个人根本不修身养性，却希望得到很好的名声，就好比那些容貌长得丑陋又希望能在镜子中看到自己漂亮的影子一样。最上等的士人是不追求名利的；一般的士人懂得修身养性，自己去树立自己的名声；最下等的士人是想方设法去偷窃名誉。忽略名利、淡泊名利的人，认真考察事物发展的规律，言行举止也符合社会道德规范，他们享受鬼神所赐的福佑，并不希望用这些去求取名利。树立名声的人，修身养性，还担忧荣誉被湮没，并不希望谦让他们的名誉。那些窃取名誉的人，貌似忠厚而心怀奸计，追求浮华的虚名，这并不是能得到好名声的途径。

原文

　　人足所履，不过数寸，然而咫尺之途，必颠蹶①于崖岸，拱把之梁②，每沉溺于川谷者，何哉？为其旁无余地故也。君子之立己，抑亦如之。至诚之言，人未能信，至洁之行，物或致疑，皆由言行声名，无余地也。吾每为人所毁，常以此自责。若能开方轨③之路，广造舟④之航，则仲由之言信，重于登坛之盟，赵熹之降城，贤于折冲之将矣。

注释

①颠蹶：颠仆、跌倒。

②拱把之梁：两手合围曰拱，只手所握曰把。拱把之梁，即很小的独木桥。

③方轨：车辆并行。这里指平坦的大道。

④造舟：连船为桥，浮桥。

颜氏家训

译文

　　人的脚所踩踏到的，也不过几寸大小而已，然而在一尺来宽的路上，却经常会失足摔倒在山崖之下；从一两抱粗的木桥上过路，还常掉进桥下水中，这是什么原因呢？是这些地方旁边没留有余地的原因。君子立身处世，也是和这个道理一样的。太诚实的言论，别人未必会相信；太高洁的行为，别人往往会产生猜疑，这都是由于他们的言行名声太好，没留后路。我每次被人诋毁，都是用这些缘由来责备自己。我想，如果能在立身处世上做到像走在宽阔的道路、桥梁上那样，那么就能像子路那样说话令人信服，胜过诸侯登坛会盟的盟约，像赵熹能以信义劝降那样，胜过冲锋陷阵的大将。

原文

吾见世人，清名登而金贝①入，信誉显而然诺亏，不知后之矛戟，毁前之干橹②也。虑子贱云："诚于此者形于彼③。"人之虚实真伪在乎心，无不见乎迹，但察之未熟耳。一为察之所鉴，巧伪不如拙诚，承之以羞大矣。伯石让卿，王莽辞政，当于尔时，自以巧密；后人书之，留传万代，可为骨寒毛竖也。近有大贵，以孝著声，前后居丧，哀毁逾制，亦足以高于人矣。而尝于苫块之中，以巴豆涂脸，遂使成疮，表哭泣之过。左右僮竖，不能掩之，益使外人谓其居处饮食，皆为不信。以一伪丧百诚者，乃贪名不已故也。

注释

①金贝：指货币。

②干橹：盾牌。

③诚于此者形于彼：在这件事上态度诚实，就给另一件事树立了榜样。

译文

我看世上的人，树立了好的名声之后，就开始寻钱纳财，信誉树立起来后，就开始食言了，殊不知后面的矛戟，已经戳穿了前面的盾牌了。虑子贱说过："在这件事情上做到了忠实，就给别的事树立了楷模。"每个人心里的虚实真伪，都会在他的言行里表现出来，只是没有认真地观察罢了。一旦被考察他的人识别了，再巧妙的伪装也比不上拙劣的真诚，蒙受的羞辱更大了。例如春秋时伯石假意谦让卿位，东汉的王莽假意推托当政，在那个时候，自以为做得巧妙，被后人记载下来，留传万代，让今天的人看起来毛骨悚然。最近听说一个以孝著称的士人的古事。他多次守丧戴孝，因为太悲伤了而伤害身体，这也是为了显示高于一般人。而他曾经在居丧期间把有毒的巴豆涂在脸上，使自己的脸落下疮疤，表示他哭得非常厉害。而这种做法并不能瞒得过他身旁的仆人，反而让外人认为他的居处饮食都透着假象，都不再相信他了。因为一次虚伪被揭露，把所有的诚实都抹掉了，是因为他太贪名了。

原文

有一士族，读书不过二三百卷，天才钝拙，而家世殷厚，雅自矜持，多以酒犊珍玩，交诸名士，甘其饵①者，递共吹嘘。朝廷以为文华，亦尝出境聘。东莱王韩晋明笃好文学，疑彼制作，多非机杼②，遂设宴言③，面相讨试。竟日欢谐，辞人满席，属音赋韵，命笔为诗，彼造次④即成，了非向韵。众客各自沉吟，遂无觉者。韩退叹曰："果如所量！"韩又尝问曰："玉斑杓上终葵首，当作何形？"乃答云："斑头曲圜，势如葵叶耳。"韩既有学，忍笑为吾说之。

注释

①饵：以利诱人。

②机杼：织布机，这里指诗文创作中构思和布局的新巧。

③燕言：指宴饮言谈。

④造次：仓促，急忙。

译文

有一位士族子弟，读书不过二三百卷，天生愚钝笨拙，但他家里非常富有，常常以此自夸。经常拿酒杀牛摆宴，以玩物赏器交往许多名士。那些对他的利益感兴趣的人，就轮番吹捧他，以致朝廷真以为他是个才子，还派他到别国去通问修好。当时的东莱王韩晋明非常喜爱文学，怀疑这位士人的作品，多半不是他自己所做，于是摆酒设宴，让大家边饮边谈，想当面向他试探。满座的客人，整天都兴高采烈，吟诗作赋，提笔作文，他也是一挥而就，但所成之文，却根本没有了原先拿出来的作品的那种韵味。客人们各自沉吟，根本没有注意到这种情况。韩晋明退席后叹道："果然不出所料！"韩晋明曾经问过他："把玉斑刮削到椎头时，应该是什么样子？"他说："玉斑的头部是圆形的话，那样子就该像葵叶了吧。"韩晋明是博学的人，当他向我说起这件事时，还是忍不住发笑。

原文

治点①子弟文章，以为声价，大弊事也。一则不可常继，终露其情；二则学者有凭，益不精励。

注释

①治点：修改润饰。

译文

修改润饰自己家子弟的文章，以此抬高他们的名声身价，这是最糟糕的事。一则因为你不可能永远帮他们修改，终归有露馅的时候；二则他们一看了依靠，就越发不去努力钻研了。

原文

　　邺下有一少年，出为襄国令，颇自勉笃。公事经怀①，每加抚恤，以求声誉。凡遣兵役，握手送离，或赍②梨枣饼饵，人人赠别，云："上命相烦，情所不忍；道路饥渴，以此见思。"民庶称之，不容于口。及迁为泗州别驾，此费日广，不可常周，一有伪情，触涂难继，功绩遂损败矣。

注释

①经怀：经心。

②赍（jī）：以物送人。

译文

　　邺城有一位年轻人，外放担任襄国县令，做事非常认真、笃实。办理公务尽心尽力，关心下属，以求得好的声誉。凡是派遣人民出去服兵役，他都会一一握手相送，有时还会送些梨枣做的馅饼之类的小礼品，一个人一个人地送别，还说："是皇命要求，我自己也不忍心让你们去做的。路上如果感到饥饿干渴，看到它就足以表达我的思念之情。"当时的人民对此事赞不绝口。等到他调任泗州的别驾时，这样的费用就越来越多了，不可能做得面面俱到。时间一长，势必矫情虚饰，难以为继，他过去的声名功绩就被损坏了。

原文

　　或问曰："夫神灭形消，遗声余价，亦犹蝉壳蛇皮，兽迒①、鸟迹耳，何预于死者，而圣人以为名教乎？"对曰："劝也，劝其立名，则获其实。且劝一伯夷，而千万人立清风矣；劝一季札，而千万人立仁风矣；劝一柳下惠，而千万人立贞风矣；劝一史鱼，而千万人立直风矣。故圣人欲其鱼鳞凤翼，杂沓参差②，不绝于世，岂不弘哉？四海悠悠，皆慕名者，盖因其情而致其善耳。抑又论之，祖考之嘉名美誉，亦子孙之冕服墙宇也，自古及今，获其庇荫者亦众矣。夫修善立名者，亦犹筑室树果，生则获其利，死则遗其泽。世之汲汲^③者，不达此意，若其与魂爽^④俱升，松柏偕茂者，惑矣哉！"

注释

①远（háng）：兽迹。

②鱼鳞：鱼的鳞片，这里形容密集相从。杂沓：众多杂乱貌。参差：不齐。意思是圣人希望天下之民，不论其天资禀赋的差异，都仿效伯夷诸人。

③汲汲：心情急切的样子。

④魂爽：魂魄。

译文

有人问："人的灵魂和躯体是一块儿消失的，留下来的声名和威望，就好比蝉蜕下的壳和蛇退下的皮、鸟首经过后留下的痕迹一般，与人死了没什么区别，而圣人为什么要把它作为教化的内容？"我回答说："都是为了勉励世人，劝他们要树立良好的名声，指望他们能做到名副其实。更何况劝人们向伯夷一个人学习，有成千上万的人就可以树立起清白的风气了；劝他们向季札学习，而成千上万的人又可以树立起仁爱的风气了；劝他们向柳下惠学习，而成千上万的人又可以树立起坚贞的风气了；劝他们向史鱼学习，成千上万的人就可以树立起正直的风气了。所以，圣人希望有美好名声的人越来越多，这个心愿是何等伟大？四海之内，芸芸众生，都爱慕好的名声，就应该根据他们的这种情感，引导他们到达美好的境界。也可以这样说，祖先们的好名声，就好比子孙们的礼服、墙宇，能给予他们的地位、财产。从古至今，能得到祖先荫庇的人太多了。而且修行立名，就好比修房种树，活着时，能得到很多好处，死了能造福后代。世人有许多庸人，不明白这个道理，总希望他们的名声与魂魄一同升天，像松柏一样长青不衰，那是不可能的。"

典故品读

祁黄羊荐贤

春秋时期，晋平公有一次问祁黄羊说："南阳县缺个县长，依你看，该派谁去当比较合适呢？"祁黄羊说："叫解狐去。他一定能够胜任的！"平公惊奇地又问他："解狐不是你的仇人吗？你为什么还要推荐他呢？"祁黄羊说："你只问我什么人能够胜任，你并没有问我解狐是不是我的仇人呀！"解狐到任后，果然很称职。

过了一些日子，平公又问祁黄羊说："现在朝廷里缺少一个法官。你看，谁能胜任这个职位呢？"祁黄羊说："祁午能够胜任的。"平公又奇怪起来了，问道："祁午不是你的儿子吗？你推荐自己的儿子，不怕别人讲闲话吗？"祁黄羊说："你只问我谁可以胜任法官，所以我推荐了他；你并没有问我祁午是不是我的儿子呀！"祁午当了法官果然能干。

孔子听到这两件事，称赞祁黄羊说："祁黄羊说得太好了！他推荐人，完全是拿才能做标准，不因为他是自己的仇人，便心存偏见，不予推荐；也不因为他是自己的儿子，怕人议论，便不推荐。像祁黄羊这样的人，才够得上是'大公无私'啊！"

秦穆公礼遇下士

有一回，卫国的宁武子跑到秦国来，想谋份差事。秦穆公设宴款待他。席间，穆公命令乐官为宁武子演奏一支名叫《湛露》的欢迎曲，还向他赠送了大红色的雕弓。按照礼节，主人给客人这么隆重的待遇，客人应该写诗作赋答谢才对。可是直到宴席结束了，宁武子也未做任何表示。

散席后，秦穆公以为自己做得还有什么不周到的地方，派人去问宁武子。宁武子告诉来人说："过去，诸侯去觐见天子，为的是接受天子的教导；天子设宴款待诸侯，在席间才演奏《湛露》这首曲子。那意思是说，天子就好比太阳，诸侯就好比露水。诸侯于是按照天子的命令，回去各自率领军队，把天子的敌人当作自己的敌人，把天子的仇恨当作自己的仇恨，同仇敌忾，奋勇杀敌。打了胜仗后，天子向诸侯颁发雕弓和箭支，以示表彰。今天，我不过是个陪臣，没想到秦穆公给我这么高的礼遇，我实在是不敢当啊！否则，岂不是辱没了你们的君主吗？"

秦穆公这种不拘一格、不分尊卑的态度，吸引了更多的人才投奔秦国。

涉务第十一

颜氏家训

原文

　　士君子之处世，贵能有益于物耳，不徒高谈虚论，左琴右书，以费人君禄位也。国之用材，大较不过六事：一则朝廷之臣，取其鉴达治体，经纶博雅①；二则文史之臣，取其著述宪章，不忘前古；三则军旅之臣，取其断决有谋，强干习事；四则藩屏之臣，取其明练风俗，清白爱民；五则使命之臣，取其识变从宜，不辱君命；六则兴造之臣，取其程功节费，开略有术，此则皆勤学守行者所能辨也。人性有长短，岂责具美于六涂②哉？但当皆晓指③趣，能守一职，便无愧耳。

注释

①经纶：原指整理丝缕，引申为规划处理国家大事。博雅：学识渊博纯正。
②六涂：指上文所指的"六事"。涂：通"途"。
③指：通"旨"。

译文

　　君子立身处世，贵在有益于人、不能光是高谈空论、弹琴练字，以此耗费君主的俸禄官位。国家使用的人才，大概不外六种：第一种是朝廷之臣，他们能通晓政治法度，规划处理国家大事，学问广博，品德高尚；第二种是文史之臣，他们能起草各种典章法令，阐释彰明前人治乱兴革之由，使今人不忘前代的经验教训；第三种是军旅之臣，他们能多谋善断，强悍干练，熟悉战阵之事；第四种是藩屏之臣，他们能通晓当地民风民俗，勤政爱民；第五种是使命之臣，他们能洞察情况变化，择善而从，不辜负国君交付的使命；第六种是兴造之臣，他们能计量功效，节约费用，节省开支很有办法。以上种

种，都是勤于学习、保持操行的人所能办到的。人的能力各有高下，哪能要求一个人把以上"六事"都办得完美呢？只不过人人都应该明白其要旨，能够在某个职位上尽自己的责任，也就可以无愧于心了。

原文

吾见世中文学之士，品藻①古今，若指诸掌，及有试用，多无所堪。居承平之世，不知有丧乱之祸；处庙堂之下，不知有战陈②之急；保俸禄之资，不知有耕稼之苦；肆吏民之上，不知有劳役之勤，故难可以应世经务也。晋朝南渡，优借士族；故江南冠带③，有才干者，擢为令仆已下尚书郎中书舍人已上④，典章机要。其余文义之士，多迂诞浮华，不涉世务。纤微过失，又惜行捶楚，所以处于清高，盖护其短也。至于台阁令史⑤，主书监帅⑥，诸王签省⑦，并晓习吏用，济办时须，纵有小人之态，皆可鞭杖肃督，故多见委使，盖用其长也。人每不自量，举世怨梁武帝父子爱小人而疏士大夫，此亦眼不能见其睫耳。

注释

①品藻：鉴定等级。

②战陈：作战的阵法。

③冠带：官吏或士大夫的代称，以其戴冠束带，故称。

④令：即尚书令，为尚书省的长官。仆：即尚书仆射，为尚书省的副长官。尚书郎：尚书省属官，掌管文书起草之事。中书舍人：中书省属官，掌管进呈奏案之事。

⑤台阁：指尚书省。令史：尚书省属下的官员。

⑥主书：尚书省属下官员。监帅：监督军务的官员。

⑦签：指典签，南朝以诸王出镇，由朝廷派典签佐之，本为处理文书的小吏，但实际起监视诸王的作用，权力甚大，遂有签帅之称。省：指省事、尚书省属官。以上所言令史、主书、监帅、典签、省事等均属低级官员。

译文

我看世上那些卖弄文学的书生，品评古今，倒像指点掌中之物，非常容易，但要他们去干实事，却大都胜任不了。生活在和平时期，不知道会有丧国乱民的灾祸；在朝中做官，不懂得战争攻伐的急迫；有可靠的俸禄收入，不了解耕种庄稼的辛苦；肆意横行于吏民之上，不明白劳役的艰辛，所以难得用他们去顺应时世，处理公务。晋朝南渡后，朝廷优待士族，所以江南的士族，凡有才干的，都提拔他们担任尚书令、尚书仆射以下，尚书郎、中书舍人以上的官职，掌管机要大事。剩下那些空谈文章的书生，大都迂阔傲慢，华而不实，不接触实际事务；纵然有一些小小过失，也不好对他们严厉惩罚，所以只能给他们名声清高的职位，以此来掩饰他们的弱点。至于尚书省的令史、主书、监帅，诸王身边的签典、省事，担任这类职务的都是熟悉官吏事务，能够履行职责的人。纵有不良表现，都可施行严厉惩罚，严加监督，所以这些人多被任用，大概是用其所长吧。人往往不自量，大家都埋怨梁武帝父子亲近小人而疏远士大夫，这也就如自己的眼珠子看不见自己的眼睫毛一样。

原文

　　梁世士大夫，皆尚褒衣博带①，大冠高履，出则车舆，入则扶侍，郊郭之内，无乘马者。周弘正为宣城王所爱②，给一果下马③，常服御之，举朝以为放达。至乃尚书郎乘马，则纠劾之。及侯景之乱，肤脆骨柔，不堪行步，体羸气弱，不耐寒暑，坐死仓猝者，往往而然。健康令王复性既儒雅，未尝乘骑，见马嘶喷陆梁，莫不震慑，乃谓人曰："正是虎，何故名为马乎？"其风俗至此。

注释

①褒衣博带：宽大的袍子和衣带。
②周弘正：字思行，南朝学者，在梁、陈都做过官。宣城王：简文帝的儿子萧大器。

③果下马：在当时视为珍品的一种小马，只有三尺高，能在果树下行走，故名。

译文

梁朝的士大夫都爱好宽袍大带、大帽子、高跟的鞋子，外出乘车，回家靠僮仆服侍，城里城外，没人骑马。周弘正被宣城王宠爱，得到一匹果下马，经常骑着它外出，满朝官员都认为他过于放纵。至于像尚书郎这样的官员骑马，就会被人检举弹劾。到侯景之乱发生时，这些士大夫身体羸弱，不能步行，不耐寒暑。在仓促变乱中坐以待毙的，往往是这些人。建康令王复，性格温文尔雅，从未骑过马，看到马嘶叫腾跃，就感到害怕，对别人说："这是老虎，为什么要把它叫作马呢？"当时的风气竟到了如此地步。

原文

古人欲知稼穑之艰难，斯盖贵谷务本之道也。夫食为民天，民非食不生矣，三日不粒①，父子不能相存②。耕种之，莸鉏③之，刈获之，载积之，打拂之，簸扬之，凡几涉手，而入仓廪，安可轻农事而贵末业哉？江南朝士，因晋中兴，南渡江，卒为羁旅，至今八九世，未有力田，悉资俸禄而食耳。假令有者，皆信④僮仆为之，未尝目观起一坺⑤土，耘一株苗；不知几月当下，几月当收，安识世间余务乎？故治官则不了，营家则不办⑥，皆优闲不过也。

注释

①粒：以谷米为食。

②存：想念、省问。

③莸：同"薅"，除草。鉏：锄头。

④信：依靠。

⑤坺（fá）：耕地时翻起的土块。

⑥办：治理。

译文

古人想了解务农的艰辛，正是体现了重视粮食、以农为本的思想。吃饭是民生第一大事，老百姓没有粮食就不能生存，三天不吃饭，恐怕父子之间也顾不上互相问候了。种一茬庄稼，要耕地、播种、除草、收割、储存、脱粒、扬场等多道工序，粮食才能入仓，怎能轻视农业而重视商业呢？江南朝廷的士大夫们，是因为晋朝的中兴，渡江南来，最后客居异乡的，到现在已过了八九代了。到现在还没有下力气种过田，全靠俸禄生活。即使有点土地，也都是靠僮仆们耕种，自己从未亲眼看见翻一尺土，锄一株草，不知道哪个月该播种，哪个月该收割，哪能懂得世上的其他事务呢？所以他们做官不明吏道，理家不会经营，这都是养尊处优带来的弊端。

闻鸡起舞

东晋名将祖逖，年轻时与好友刘琨一起到司州（今河南省洛阳市东北）任主簿。两人志同道合，意气相投，晚上合盖一张被子睡觉。

一天半夜，祖逖被远处传来的鸡啼声惊醒，便把刘琨踢醒，说："你听到鸡啼声了吗？"

刘琨侧耳一听，说："是啊，是鸡在啼叫，不过，半夜的鸡啼声是恶声啊！"

祖逖说："不是恶声，而是催促我们早点起床锻炼的声音！"两人立即起床，到院子里舞剑，一直练到天亮。

西晋末年，北方广大地区被各少数民族军队占领，祖逖也和族人渡过黄河避难，南迁到淮河流域，后在将军司马睿手下当差。公元311年，匈奴贵族攻陷西晋京都洛阳，晋怀帝也被俘虏了，消息传到南方，祖逖义愤填膺，请求司马睿说："让我率军北伐，恢复中原。"司马睿任命祖逖为豫州刺史，并给他一千人的粮食和三千匹布，但没有给他铠甲和兵器。祖逖不怕困难，不畏艰险，率领招募到的士兵两千多人，渡过长江，向北方进军。

西门豹治理邺都

西门豹治理邺都时严肃法纪，铁面无私。他不仅把装神弄鬼的大巫小巫投入漳河祭了河神，还从重制裁了地方上几个祸国殃民的贪官污吏。邺都百姓拍手称快，在他的带领下兴修水利，务农经商，这个荒凉的地区很快展现出繁荣富足的景象。

西门豹勤政爱民，为官清廉，不逢迎上司长官，不贿赂魏国君主，虽然政绩显著，并没有受到魏文侯的赏识。相反，君主左右的大臣或因西门豹触及私党的利益，或因他一毛不拔缺少贡品，总想方设法贬损他、诬陷他，以至于魏文侯偏听偏信，打算把他召回京城罢去他的官职。君臣相见，魏文侯当面责备一遍，受宠的大臣也添油加醋地批评了一番。

西门豹忍了又忍，抬头请愿道："从前臣才疏学浅，不知如何治理地方政务，现在国君和诸位大人的'教诲'，使我学会了治理的方法。希望再给我一个机会，换一个地方治理一年，如果还是治理不好，国君可以砍掉我的首级。"

魏文侯答应了他的请求。西门豹出任新的地方官后，一改往日政风，征收百姓重税，不断地贿赂魏文侯的亲信大臣。一年任期届满，他进京晋见国君，魏文侯满面笑容地赞美他，左右大臣同样交口称赞不已。这时候，西门豹脸色突变，怒气冲冲地骂道："臣以前忠心为国君治理地方政务，有政绩，受百姓拥戴，国君要罢去我的官职。这一年来，臣实际是为国君左右的贪臣聚敛，有劣迹遭百姓唾骂，国君却赞美夸奖我。这不是很矛盾、很愚蠢吗？我西门豹不能屈节求荣，做愧对百姓的贪官，请国君恩准！"说罢，他当场奉交官印，辞官为民。

魏文侯省悟过来，急忙扯住西门豹的衣袖道歉说："寡人如今才明白事情的真相，请您原谅。我保证从今以后亲君子，远小人，任贤使能，就请卿继续为魏国尽力吧。"

省事第十二

原文

　　铭金人云："无多言，多言多败；无多事，多事多患。"至哉斯戒也！能走者夺其翼，善飞者减其指，有角者无上齿，丰后者无前足，盖天道不使物有兼焉也。古人云："多为少善，不如执一①；鼯鼠五能，不成伎术。"近世有两人，郎悟士也，性多营综，略无成名。经不足以待问，史不足以讨论，文章无可传于集录，书迹未堪以留爱玩，卜筮射六得三，医药治十差五，音乐在数十人下，弓矢在千百人中，天文、画绘、棋博，鲜卑语、胡书②，煎胡桃油，炼锡为银，如此之类，略得梗概，皆不通熟。惜乎，以彼神明，若省其异端，当精妙也。

注释

①执一：专一。
②胡书：胡人的文字。这里当指鲜卑文字。

译文

　　铜人背上刻着几个字说："不要多说话，多说话多受损；不要多管事，多管事多遭灾。"这个训诫说得太好了。对于动物来说，善于奔跑的就不让它长上翅膀，善于飞行的就不让它长出前肢，头上长角的嘴里就没有上齿，后肢发达的前肢就退化，大概大自然的法则就是不让它们兼有各优点吧。古人说："干得多而干好的少，那就不如专心干好一件事；鼯鼠有五种本领，却都难派用场。"近世有两个人，都是聪明颖悟之辈，兴趣广泛，却没有一样成名的，经学经不起提问，史学不足以应对，文章水准够不上编集传世，书法作品不值得保存赏玩，为人卜筮六次里面只对三次，替人看病治十个只有五个痊愈，

音乐水准在数十人之下，射箭本领也不出众，天文、绘画、棋艺、鲜卑话、胡人文字、煎胡桃油、炼锡成银，像这一类的技艺，也略微了解一个大概，却都不精通熟悉。可惜啊，以他们这样的绝顶聪明，如果能割舍其他爱好，那一定会达到精妙的地步。

原文

上书陈事，起自战国，逮于两汉，风流①弥广。原其体度：攻人主之长短，谏净之徒也；讦群臣之得失，讼诉之类也，陈国家之利害，对策之伍也；带私情之与夺，游说之俦也。总此四涂②，贾诚以求位，鬻言以干禄③。或无丝毫之益，而有不省之困，幸而感悟人主，为时所纳，初获不赀之赏，终陷不测之诛，则严助、朱买臣、吾丘寿王、主父偃之类甚众④。良史所书，盖取其狂狷⑤一介，论政得失耳，非士君子守法度者所为也。今世所睹，怀瑾瑜而握兰桂者⑥，悉耻为之。守门诣阙，献书言计，率多空薄，高自矜夸，无经略之大体，咸秕糠之微事，十条之中，一不足采，纵合时务，已漏先觉，非谓不知，但患知而不行耳。或被发奸私，面相酬证，事途回穴，翻惧愆尤⑦；人主外护声教，脱加含养，些乃侥幸之徒，不足与比肩也。

注释

①风流：遗风。

②四涂：这里指以上四种情况。涂：通"途"。

③贾（gǔ）诚：出卖忠诚。贾：卖。鬻（yù）言：出卖言论。鬻：卖。

④严助、朱买臣、吾丘寿王、主父偃：四人都是汉武帝时通过上书言事而得到富贵的大臣。

⑤狂狷：指志向高远的人且拘谨自守的人。

⑥瑾瑜：美玉。兰桂：兰草与桂花。"怀瑾瑜而握兰桂者"比喻怀才抱德之士。

⑦愆（qiān）尤：指罪过。

译文

向君主上书陈述意见，起自战国时代，到了两汉，这种风气更加流行。推究它的体例：指责国君长短的，属于谏净一类；攻讦群臣得失的，属于诉讼一类；陈述国家利害的，属于对策一类；抓住对方私人情感来打动他的，属于游说一类。总括这四类情况，都是靠贩卖忠心来求取地位，靠出售言论来谋取利禄。他们陈述的意见可能导致不被国君理解的困扰，即使有幸能感悟国君，被及时采纳，起初得到丰厚的奖赏，但最终还是遭到了无法预测的灾祸，就像严助，朱买臣、吾丘寿王，主父偃这类人。优秀的史官所记载的，只是选取了其中那些狂狷耿介、评论时政得失的人罢了，但这些都不是世家君子谨守法度的人所能干的。现在那些德才兼备的人都耻于干这种事。守候于国君出入的

门户，或趋赴朝廷的殿堂，向国君献书言计，那些东西大多是空疏浅薄、自吹自擂的，其中没有治理国家的纲领，都是些鸡毛蒜皮的小事，十条意见里面，没有一条值得采纳的。纵然有一些合乎实际情况，却是别人早就认识到的，并不是大家不知道，只是说了也没有用。有时上书者被人揭发出奸诈营私的事，当面与人对证，事情的发展反复变化，当事人此时反而是时时担惊受怕。纵然国君出于对外维朝廷声誉教化的考虑，或许能对他们加以包涵，他们也只能算是侥幸获免之辈，正人君子是不值得与他们为伍的。

原文

　　谏净之徒，以正人君之失尔，必在得言之地，当尽匡赞之规，不容苟免偷安，垂头塞耳；至于就养①有方，思不出位，干非其任，斯则罪人。故《表记》云："事君，远而谏，则谄也；近而不谏，则尸利②也。"《论语》曰："未信而谏，人以为谤己也。"

注释

①就养：这里指侍奉国君。
②尸利：身居高位而不做事。

译文

直言进谏的人，在于纠正国君的过失，一定尽其在匡正辅佐之责，不容许苟且偷安，装聋作哑。至于侍奉国君，应各司其职，考虑问题不要超出自己的职务范围，如果超越自己的职位去冒犯国君，那就会成为朝廷的罪人。所以《礼记·表记》上说："侍奉国君，关系疏远却去进谏，那就形同诣媚了；关系密切却不去进谏，那就是无功受禄。"《论语·子张》上说："没有取得国君的信任就去进谏，国君就会以为你在诽谤他。"

原文

君子当守道崇德，蓄价①待时，爵禄不登，信由天命。须求趋竞，不顾羞惭，比较材能，斟量功伐②，厉色扬声，东怨西怨；或有劫持宰相瑕疵，而获酬谢。或有喧聒时人视听，求见发遣；以此得官，谓为才力，何异盗食致饱，窃衣取温哉！世见躁竞③得官者，便谓"弗索何获"；不知时运之来，不求亦至也。见静退未遇者，便谓"弗为胡成"；不知风云④不与，徒求无益也。凡不求而自得，求而不得者，焉可胜算乎！

注释

①价：指声望。

②功伐：指功劳。

③躁竞：急于与人比高下，争权势。

④风云：指人的际遇。

译文

君子应该谨守正道、推崇德行，蓄养声望以待时机。一个人如果官职俸禄不能往上升，那实在是因为天命的缘故。自己去索求奔走，不顾羞耻，与别人比较才能大小，量功劳高低，声色俱厉，怨这怨那，甚至有人以宰相的毛病相要挟，以此获得酬谢。或者有人大声吵嚷，混淆视听，以此求得被任用。靠这些手段得到官职，就说是有才能。这与偷盗食物来填饱肚皮、窃取衣服求得温暖有什么区别呢！世人看见那些奔走钻营而获得官位的人，就说："不去索取怎么能获得呢？"他们不明白时运到来之时，你不求取也会来的。他们看见那些恬静谦让却没有得到赏识的人，就说："不去争取怎么能成功呢？"他们不明白时机未到，徒然追求是没有好处的。世上那些不去索求却获得了，以及索求了却没有获得的人，哪能计算得清呢！

齐之季世①，多以财货托附外家②，谊动女谒③。拜守宰④者，印组⑤光华，车骑辉赫，荣兼九族，取贵一时。而为执政所患，随而伺察，既以利得，必以利殆，微染风尘，便乖肃正；坑阱殊深，疮痏⑥未复，纵得免死，莫不破家，然后噬脐⑦，亦复何及，吾自南及北，未尝一言与时人论身份也，不能通达，亦无尤焉。

注释

①齐之季世：指末世、衰世。齐：指北齐。季：末。
②外家：指母亲、妻子的娘家。
③女谒：也称妇谒，指通过宫中受宠的女子谋求官位。
④守宰：指地方长官。
⑤印组：印绶。绶为系印的丝带。
⑥疮痏：创伤，疤痕。
⑦噬脐：自啮腹脐，喻后悔不及。

译文

北齐末年，那些想当官的人，大多把钱财托付给外家，通过得宠女子去拜求请托。被任命为地方官的人，官印绶带，光艳华丽，高车大马，辉煌显赫，荣耀兼及九族，富贵取于一时。但一旦遭到执政者的怨恨，就会立即对他们进行侦探调查，那因利而来的，

必会因利而致危，稍微沾染上世俗的不良风气，就背离了为官应有的严肃公正。陷阱很深，创痛难以平复，纵然能免一死，家庭却没有不因此而败损的，那时再后悔就来不及了。我从南到北，没有对别人谈过一句有关自己身份地位的话，即使不能富贵显达，也不因此而怨天尤人。

原文

　　王子晋云："佐饔①得尝，佐斗得伤。"此言为善则预，为恶则去，不欲党人②非义之事也。凡损于物③，皆无与焉。然而穷鸟入怀，仁人所悯；况死士归我，当弃之乎？伍员之托渔舟，季布之入广柳，孔融之藏张俭，孙嵩之匿赵岐，前代之所贵，而吾之所行也，以此得罪，甘心瞑目。至如郭解之代人报仇，灌夫之横怒求地，游侠之徒，非君子之所为也。如有逆乱之行，得罪于君亲者，又不足恤④焉。亲友之迫危难也，家财已力，当无所吝；若横生图计，无理请谒，非吾教也。墨翟之徒，世谓热腹，杨朱之侣，世谓冷肠；肠不可冷，腹不可热，当以仁义为节文尔。

注释

①佐饔：协助制作菜肴。
②党人：朋党，指为私利结成一伙的人。
③物：指人。
④恤：可怜，体恤。

译文

　　王子晋说："帮助厨房做菜，可得美味品尝；帮助别人争斗，难免要被殴伤。"这话是说做好事就参加，做坏事则避开，不要拉帮结伙去做不义之事。凡是对人有害的事，不应该参与，但是一只走投无路的小鸟投入怀抱，仁慈的人总会怜悯它；何况敢死的勇士来投靠，应当抛弃他吗？伍子胥托渔夫摆渡相救，季布被藏在广柳车中，孔融掩救张俭，孙嵩藏匿赵岐，这些事例都被前代所看重，也是我所奉行的。就算因此得罪权贵，也心甘情愿。至于郭解代人报仇，灌夫为朋友怒责丞相田蚡索取田地，那是游侠之徒的行为，不是君子应该干的。如果有大逆不道、犯上作乱的行为，因此而得罪君王与父母，就更不值得同情了。亲友被危难所迫，自家的钱财精力，是不应该吝惜的；如果有人不怀好意无理请求，那就不是我们应该支持的了。墨子的门徒，大家都说他们太热心，杨朱的同道，大家都说他们太薄情。情不可太薄，心不可太热，应当用仁义来节制修饰自己的言行。

原文

前在修文令曹，有山东学士与关中太史竞历①，凡十余人，纷纭累岁，内史牒付议官平之。吾执论曰："大抵诸儒所争，四分并减分②两家尔。历象之要，可以晷景测之；今验其分至薄蚀③，则四分疏而减分密。疏者则称政令有宽猛，运行致盈缩，非算之失也；密者则云日月有迟速，以术求之，预知其度，无灾祥也。用疏则藏奸而不信，用密则任数④而违经。且议官所知，不能精于讼者，以浅裁深，安有肯服？既非格令⑤所司，幸勿当⑥也。"举曹贵贱，咸以为然。有一礼官，耻为此让，苦欲留连，强加考核。机杼既薄，无以测量，还复采访讼人，窥望长短，朝夕聚议，寒暑烦劳，背春涉冬，竟无予夺，怨诮滋生，赧然而退，终为内史所迫：此好名之辱也。

注释

①竞历：指争论历法。
②四分：指四分历。减分：指减分历。
③分至：指春分、秋分和夏至、冬至。薄蚀：日月相掩食。
④任数：指顺应天数。
⑤格令：律令。
⑥当：判罪。

译文

从前我在修文令曹时，有山东学士与关中太史争论历法，共有十几个人，乱哄哄地争了好几年，内史下公文交付议官来评定是非。我发表自己的看法说："大抵各位学士所争论的，可分为四分律和减分律两种。推测天体运行，是可以用日晷仪的影子来测量的。现在以此来检验两种历法的春分、秋分、夏至、冬至四个节气以及日食月食等现象，可以看出四分律比较疏略而减分律比较细密。主张四分律的一方声称政令有宽大与严厉之别，天体的运行也相应会产生超前与滞后，这并不是历法计算的失误。主张减分律的一方则说日月的运行虽然有快有慢，用正确的方法来推求，可以预先知道它们运行的度，并不存在什么灾祥之说。如果采用疏略的四分律，就可能隐藏奸邪而失去真实；如果采用细密的减分律，就可能顺应天数而违背经义。况且议官所懂得的历法知识，不可能精于论争的双方，以天文学识浅薄的人去裁判学问深厚的人，怎能让人服气呢？既然这事不属于法律条令所掌管，就希望不要让我们来判决此事吧。"整个议曹的人不论地位高低，都认为我说得对。有一位礼官，却以这种谦让态度为耻，苦苦地不肯放手，想方设法对两种历法进行考核。他的有关知识修养又不足，无法实地进行测量，就反复去访问论争的双方，想借此看出其中的优劣。他们从早到晚地聚会评议，暑往寒来，不胜烦劳，由春至冬竟然无法判定，抱怨责难之声四起，这位礼官才红着脸告退，最后被内史斥责，这就是好名所招来的羞辱啊。

典故品读

悬梁刺股

　　战国时，苏秦虽有雄心壮志，但由于学识浅薄，跑了好多地方，都得不到重用。后来，他下决心发愤读书，有时，读到深夜，实在疲倦，快要打盹的时候，他就咬紧牙关，用锥子往大腿上刺去，刺得鲜血直流。他用这种特殊的办法，振作精神，驱逐睡意，坚持学习。后来苏秦终于成为著名的政治家。

　　汉朝有一个人，名叫孙敬，他非常勤奋好学，喜欢读书，从早读到晚，很少休息，经常读到深更半夜。夜间读书时间太久，就会打起盹来，影响学习。于是，他想出了一个很特别的办法：找到一条绳子，一头拴在屋梁上，另一头拴住自己的头发。读得疲劳打盹的时候，头一低，绳子就会牵住头发，拉疼头皮，顿时清醒过来。后来他也成为著名的政治家。

凿壁偷光

　　西汉末年，东海郡（今江苏、山东两省交界处）出了一位很有学问的人，名叫匡衡。他家祖祖辈辈务农，生活贫苦。但是，这个农家的儿子偏偏十分爱读书。由于没有钱读书，他十分苦恼。后来，他听说附近有户人家，家里藏有许多书。他便上这户人家去要求干活，并对主人说："我干活是为了能读到书。只要主人家愿意把收藏的书借给我读，就算是给我工钱了。"主人答应了他的要求。匡衡高兴极了，干活之余，就扑在读书上。可是晚上看书要点灯，而他又没有钱买灯油，因此他很是焦虑。幸而他隔壁的人家很富，每天夜里灯火通明。匡衡偶然发现墙缝里透过一线亮光来，于是他把墙壁凿开一个小洞，让更多的亮光射进自己的屋子。从此，他每天夜里就蹲在这小洞边，借用射过来的烛光

读书，直到人家熄灭了灯火，他才去睡觉。经过苦读，匡衡终于成为一位著名的学者。

燃糠自照，囊萤映雪

顾欢是南朝时齐人，从小就很聪明，六七岁时就能够推算四时节气和六十甲子。一年秋天，稻谷熟了，父亲叫他去看田，嘱咐他别让麻雀把稻谷吃了。顾欢到了田里，看到成群的麻雀叽叽喳喳，飞来飞去，觉得很好玩，就坐在田头写了篇《黄雀赋》。晌午，父亲来叫他回去吃饭，见田里的稻谷被麻雀吃掉了一大半，气得破口大骂道："你是怎么看田的，稻谷快让麻雀吃完了都不知道？"

顾欢战战兢兢地说："我在写文章。"

父亲看了他的文章，难过地说："唉，只怪为父没钱让你去读书。"顾家的附近有一所私塾，顾欢白天站在教室外偷偷听课，晚上用点燃的松枝和稻糠照明进行温习，他好学不倦，直到年纪大了也不停止。后来，朝廷要他做官，他不去，一直隐居在天台山。

晋朝有个名叫车胤的读书人，他从小就非常刻苦好学，但家中贫穷，没钱买灯油点灯，入夜无法读书。在一个夏天的夜晚，车胤看见闪烁光亮的萤火虫，在空中飞来飞去，受到很大启发。于是，他捉了许多萤火虫，把它们装进一个纱囊里，这样，纱囊就像一盏小灯笼似的能够发出亮光。车胤借助纱囊中萤火虫发出的亮光，专心致志地读起书来。

晋朝还有个名叫孙康的读书人，家境也十分清贫。他白天需要干活谋生，只有在夜晚才能读书，但他也没钱买灯油。为了读书，他经常在雪夜里坐在门口，冒着凛冽的寒风，借助晶莹的白雪反射出来的亮光，坚持看书学习。

止足第十三

原文

《礼》云："欲不可纵，志不可满。"宇宙可臻①其极，情不知其穷，唯在少欲知足，为立涯②限尔。先祖靖侯戒子侄曰："汝家书生门户，世无富贵；自今仕宦不可过二千石，婚姻勿贪势家。"吾终身服膺③，以为名言也。

注释

①臻：到，到达。

②涯：边界，界限。

③服膺：牢牢记在心里，不会忘记。

译文

《礼记》上说："欲望不可放纵，志向不可满足。"宇宙之大，也可到达它的极限，而人的欲望却是无穷尽的，只有寡欲而知足，才能划定一个界限。先祖靖侯曾告诫子侄们说："你们家是书生门户，世世代代没有出现过大富大贵的人；从现在起，你们为官，不可担任俸禄超过二千石的官职；你们的婚姻不可贪图高攀世家大族。"我对这些话终生信奉，牢记心间，把它当成至理名言。

原文

天地鬼神之道①，皆恶满盈。谦虚冲损，可以免害。人生衣趣②以覆寒露，食趣以塞饥乏耳。形骸之内，尚不得奢靡，己身之外，而欲穷骄泰邪？周穆王③、秦始皇、汉武帝，富有四海，贵为天子，不知纪极④，犹自败累，况士庶乎？常以二十口家，奴婢盛多，不可出二十人，良田十顷，堂室才蔽风雨，车马仅代杖策，蓄财数万，以拟吉凶急速⑤，不啻⑥此者，以义散之；不至此者，勿非道求之。

注释

① 天地鬼神之道：自然法则之意。

② 趣：通"取"，仅够，仅仅满足。

③ 周穆王：周天子姬满，西周第五位君主，又称"穆天子"。

④ 纪极：终极，限度。

⑤ 吉凶：婚事丧事。急速：指仓促间发生的事。

⑥ 不啻：不但，不止。不啻此，即过于此。与下文不至此相对。

译文

大自然的法则，都是憎恶满溢。谦虚淡泊，可以免除祸患。人生在世，衣服只要能够御寒，饮食只要能够充饥，也就罢了。形体以内，尚且不应该奢侈浪费，自身以外，还要穷奢极欲吗？周穆王、秦始皇、汉武帝，他们都富有四海，贵为天子，不知满足，尚且会遭到败损，何况一般人呢？我一直认为，一个二十口的家庭，奴婢最多不可超过二十人，良田只需十顷，房屋只求能遮挡风雨，车马只求可以代步，钱财可积蓄数万，以备婚丧急用，超过这个数量，就该仗义疏财；达不到这个数量，也不可用不正当的手法去索求。

原文

仕宦称泰①，不过处在中品，前望五十八人，后顾五十人，足以免耻辱，无倾危也。高此者，便当罢谢，偃仰私庭②。吾近为黄门郎③，已可收退；当时羁旅④，惧罹谤讟⑤，思为此计，仅未暇尔。自丧乱已来，见因托风云，微幸富贵，旦执机权，夜填坑谷，朔欢卓、郑⑥，晦泣颜、原⑦者，非十人五人也。慎之哉！慎之哉！

注释

① 泰：大极，过甚。

② 偃仰：安居的意思。私庭：指自己的家庭。

③ 黄门郎：官名，即黄门侍郎。

④ 羁旅：作客他乡。

⑤讟（dú）：诽谤，怨言。
⑥卓：指卓氏，秦、汉时期巨富。郑：指程郑，汉初商人。
⑦颜：指颜渊，名回，字子渊。孔子学生。原：指原宪，字子思，亦称原思，孔子学生。二人均以安贫乐道著称，这里指贫士。

译文

做官做到最高位置，不要超过中等品级，向前看有五十人，后望有五十人，这就足以免却耻辱，又不担风险了。高于中品的官职就应该婉言谢绝，闭门安居。我近来担任黄门侍郎的官，已经可以告退了，只是客居异乡，怕遭人攻击诽谤，虽有这个打算，只是找不到时机。自从丧乱发生以来，我看见那些乘时而起，侥幸富贵的人，白天还在执拿大权，晚上就尸填坑谷，月初还作为富豪在欢乐，月底就成为贫士而悲泣，像这样的人，并不止五个十个。要当心啊！要当心啊！

典故品读

苏武心系故国

汉武帝时接连讨伐匈奴，同时双方频繁地派遣使者互探虚实。汉朝和匈奴都扣留了对方的使臣作为人质。汉武帝派苏武以"中郎将"身份出使匈奴，去接回人质。

苏武到了匈奴，匈奴却借故扣留他。匈奴单于曾多次威胁诱降。苏武坚贞不屈，就被秘密流放到北海（今贝加尔湖）边去牧羊。匈奴人给了他一群公羊说："等到公羊生小羊的时候，你就可以回汉朝去了。"意思是说永远也不放他回去了。

为了迫使苏武投降，匈奴经常派一些苏武的故知旧交前去劝降。有一次，降将李陵前去劝降，苏武对他说："我们父子两代虽没有功劳和成就，可是我们全家都受过皇上的恩典和栽培，职位做到将军，爵位领受通侯。我们兄弟三人都在皇上身边效力。"苏武接着又说："我总想肝脑涂地、粉身碎骨来报答。只要有机会，就应豁出命去效忠尽力，即使受到刀砍锅煮，也心甘情愿。"李陵听了苏武这番大义凛然的话，十分感慨地说："苏武真不愧是大忠臣呀！"

苏武在极端艰苦的环境下，始终不屈服，在外坚持了十九年，后来因匈奴提出与汉和好，才被遣送回汉朝。

陶侃运甓

陶侃是东晋时的一位将领，升任为荆州刺史后，招来了大军阀王敦的嫉恨。他无故地把陶侃调到广州去当刺史。

当时的广州是个偏远的地方，陶侃到了那里，没有多少公事要做，显得很清闲。但陶侃却不愿在衙门里过闲散的日子，他叫人准备了一百来块砖头，整整齐齐地叠放在院子里。每天清早，他把这些砖头一块块搬到屋外远处的空地上；到了傍晚，他再把这些砖头一块块搬回院子里。天天如此，从不间断。

府吏们觉得奇怪，就问："刺史大人，你每天不嫌劳累，把这些砖搬进搬出，是为了什么呀？我们派人帮你搬就是了！"

"不必不必！"陶侃笑着回答说，"我虽然身在南方，可心里还是没有一刻忘记恢复中原。要是现在懒散惯了，那将来一旦有事，恐怕就担当不起了，所以我要用运砖来磨炼自己的意志和筋骨。"

不久，陶侃又调回荆州。荆州刺史的公务十分繁忙，可他在广州养成的运砖习惯，仍然保持着。有人劝他公务之余应该注意休息，他却说："古时候的大禹，是个圣人，他还爱惜寸阴，那我们这些平常人更应该爱惜光阴才对，正所谓'尺璧非宝，寸阴是金'啊！"听他这么说，大家都受到深刻的教育。

诫兵第十四

原文

颜氏之先，本乎邹、鲁，或分入齐，世以儒雅为业，遍在书记。仲尼门徒，升堂①者七十有二，颜氏居八人焉。秦、汉、魏、晋，下逮齐、梁，未有用兵以取达者。春秋世，颜高、颜鸣、颜息、颜羽之徒，皆一斗夫耳。齐有颜涿聚，赵有颜取，汉末有颜良，宋有颜延之，并处将军之任，竟以颠覆。汉郎颜驷，自称好武，更无事迹。颜忠以党楚王受诛，颜俊以据武威见杀，得姓已来，无清操者，唯此二人，皆罹祸败。顷世乱离，衣冠②之士，虽无身手，或聚徒众，违弃素业，微幸战功。吾既赢薄，仰惟③前代，故真心于此④，子孙志之。孔子力翘门关⑤，不以力闻，此圣证⑥也。吾见今世士大夫，才有气干⑦，便倚赖之，不能被甲执兵，以卫社稷；但微行险服⑧，逞弄拳腕，大则陷危亡，小则贻耻辱，遂无免者。

注释

①升堂：这里指学问造诣精深。

②衣冠：士大夫。

③仰惟：想起，追思。惟：思。

④真心于此：把心放在读书仕宦这上面。

⑤翘：举。门关：门闩。

⑥圣证：可以作为佐证的圣人的言论。

⑦气干：气血和躯体。

⑧微行：隐匿身份，易服出行。险服：不符合礼制的服装，奇装异服。

译文

颜氏的先辈，本是邹国、鲁国人，也有分迁到齐国的，世世代代都是以读书为业，这些在文章书籍中多有记载。孔子的门徒，学问精深有七十二人，颜氏家族就有八人。从秦、汉、魏、晋，往下至齐、梁，没有靠用兵而取得显位的。春秋时期，有颜高、颜鸣、颜息、颜羽等人，都是一些武夫。齐国有颜涿聚，赵国有颜冣，汉朝末年有颜良，南朝刘宋有颜延之，都担任将军的职务，却因此而倾败。汉朝的郎官颜驷，自称好武，更未见他有事迹流传。还有颜忠因党附楚王受诛，颜俊因割据武威被杀，从有颜姓以来，没有高尚品行的，只有这两个人，他们都遭受了灾祸败亡。近世以来，国家遭逢乱离，士大夫们虽然没有武艺，但有人也聚集徒众，放弃了一贯的诗书儒业，去碰运气求取战功。我年老体弱，又想到前人好兵致祸的教训，所以把心思放在读书上，希望子孙后代都记住这一点。孔子的力气大到可以举起城门，却不以武力闻名于世，这是圣人为我们树立的榜样。我看见当今的士大夫们，稍微有点力气，就以此自恃，又不能披戴铠甲手执兵器去保卫国家，只知穿上奇异的衣服，行踪诡秘，到处逞弄拳术，重则身陷危亡，轻则自讨耻辱，最终无人幸免。

原文

国之兴亡，兵之胜败，博学所至，幸讨论之。入帷幄之中，参庙堂①之上，不能为主尽规以谋社稷，君子所耻也。然而每见文士，颇读兵书，微

有经略。若居承平之世，睥睨宫阃②，幸灾乐祸，首为逆乱，诖误③善良；如在兵革之时，构扇④反复，纵横说诱，不识存亡，强相扶戴：此皆陷身灭族之本也。诚之哉！诚之哉！

注释

①庙堂：朝廷。

②睥睨（pì nì）：窥视，侦伺。宫阃（kǔn）：帝王后宫。

③诖（guà）误：贻误，连累。

④构扇：也作"构煽"，挑拨煽动。

译文

国家的兴亡，战争的胜败，如果对这类问题已具有广博的学识，是可以讨论的。在军队里运筹帷幄，在朝堂上参与国政，如果不能为君主尽谋划之责以求得国家的安定富足，这是君子引以为耻的。但我常常看见一些文士，兵书读得很少，兵法也只是略知概要。如果处在太平盛世，他们会热心于窥视后宫动静，幸灾乐祸，领头犯上作乱，以致牵连善良的人；如果处在战乱时期，他们会到处挑拨煽动，四处游说，看不清存亡的趋向，却竭力扶持拥戴别人称王，这些行为都是招致丧身灭族的祸根，对此要警惕！千万要警惕！

原文

习五兵，便乘骑，正可称武夫尔。今世士大夫，但不读书，即称武夫儿，乃饭囊酒瓮①也。

注释

①饭囊酒瓮：比喻只会吃饭喝酒没有真才实学的人。

译文

精通各种兵器，擅长骑马驾车，这才可以称得上武夫。但现在的士大夫，只要不去读书，就称自己是武夫，实际上就是个没有本事的酒囊饭袋。

典故品读

砥节奉公

明朝嘉靖年间，有个名叫周延的清官。嘉靖三十四年，皇帝召见周延，封他为左都御史。当时皇帝采纳给事中郎徐浦的建议，下旨让朝中大臣和各地提督巡抚各自推举镇守边关的人才。御史罗廷唯对这种做法提出了异议，他认为徐浦上疏的本意是举荐治边人才，而现在朝臣推荐的时候都拿修养品性、坚持节操和具备真才实学作为标准，离当初的意图太远了，何况还有人靠拉拢关系、巴结权贵来获得推荐的。这完全是假托皇上的名义来大开方便之门。皇帝觉得罗廷唯说得有理，斥责吏部滥举人才，下旨叫都察院重新商议。周延与尚书吴鹏等人上奏说："大臣所推荐的人中不少都有很好的声望，而且他们推荐都秉公无私。"

皇帝听了很不高兴，严厉地斥责了周延等人，并将推举的人选全部作废。从此以后，周延等人不再受到皇帝的信任，但是周延为官铁面无私，注意砥节奉公，不管当权者如何独断专行贪贿成风，一点未受沾染。他的为人与作风，实在难能可贵。

缘木求鱼

战国时期，齐宣王想称霸天下。

孟子对齐宣王说："难道动员全国军队，使将士冒着危险，去和别的国家结成仇怨，这样做您心里痛快吗？"

齐宣王说不是这样，而是为了满足自己最大的欲望。

孟子问："您最大的欲望是什么呢？"

齐宣王笑了笑，却不作回答。

孟子说："您现在吃的、穿的、用的、住的，都好到极点，还感到不能满足，那么您是想要扩张国土，使秦楚那样的大国都来朝贡您，四方外族也都服从于您，从而做天下的霸主。然而，用您这样的做法满足您这样的欲望，就好像爬到树上去捉鱼一样。"

齐宣王说："会有这样严重吗？"

孟子说："恐怕比这更严重。爬上树去捉鱼，虽然捉不到，却没有祸害。以您这样的做法想满足您的欲望，如果费尽力气去干，不但达不到目的，而且一定会带来祸患。"

养生第十五

原文

神仙之事，未可全诬；但性命①在天，或难钟值②。人生居世，触途③牵絮：幼少之日，既有供养之勤；成立之年，便增妻孥之累。衣食资须，公私驱役；而望遁迹山林，超然尘滓，千万不遇一尔。加以金玉之费④，炉器⑤所须，益非贫士所办。学如牛毛，成如麟角⑥。华山⑦之下，白骨如莽，何有可遂之理？考之内教⑧，纵使得仙，终当有死，不能出世⑨，不愿汝曹专精于此。若其爱养神明⑩，调护气息，慎节起卧，均适寒暄，禁忌食饮，将饵药物，遂其所禀⑪，不为夭折者，吾无间然⑫。诸药饵法，不废世务也。庾肩吾常服槐实⑬，年七十余，目看细字，须发犹黑。邺中朝士，有单服杏仁、枸杞、黄精、术、车前⑭得益者甚多，不能一一说尔。吾尝患齿，摇动欲落，饮食热冷，皆苦疼痛。见《抱朴子》牢齿之法，早朝叩齿三百下为良；行之数日，即便平愈，今恒持之。此辈小术，无损于事，亦可修也。凡欲饵药，陶隐居⑮《太清方》中总录甚备，但须精审，不可轻脱。近有王爱州在邺学服松脂⑯，不得节度，肠塞而死，为药所误者甚多。

注释

①性命：这里指万物生长衰败。

②钟：适逢。值：相遇。

③触途：处处。

④金玉之费：炼丹药时耗费的金、玉。

⑤炉器：指炼丹炉。

⑥麟角：麒麟的角，比喻珍贵稀少。

⑦华山：在陕西省东部。传说为仙人居住之处。

⑧内教：指佛教。

⑨出世：宗教徒以人间世为俗世；脱离人世的束缚，称出世。

⑩神明：指人的精神，心思。

⑪遂其所禀：指达到上天所赋予的自然年限。禀：赐予。

⑫间然：找空子。这里指批评。

⑬庚肩吾：字子慎。南朝梁人。曾任度支尚书、江州刺史。槐实：槐的果实，可入药。

⑭杏仁：中药名。枸杞、黄精、术、车前均为中药名。

⑮陶隐居：陶弘景，南朝齐、梁时道教学者、炼丹家、医药学家，晚年长期隐居。

⑯松脂：松树树干所分泌的树脂。

译文

有关修道成仙的事，并非全是假的；只是人寿命的长短由上天决定，一般人很难得道成仙。人活在世界上，处处要受牵绊：年少之时，有供养父母的辛劳；成年以后，又增加了妻子儿女的拖累。还得解决穿衣吃饭的费用，要为公事私事而四处奔忙；希望藏身于山林之中，超脱于尘世之外，这在千万人中也难找到一个。加上炼制丹药所需各种耗费，更非一般穷人所能办到的。所以历来学道求仙者多如牛毛，而成功者却像凤毛麟角。华山之下，白骨累累如野草，哪有尽如人意的道理？考察佛教典籍，说人纵然能够成仙，最终还是会死去的，并不能超脱尘世，因此，我不希望你们把精力集中在这上面。如果你们追求的是爱惜保养精神，调理气息，起居规律，适应寒暖变化，注意饮食禁忌，服用药物以养身，能达到一般人的自然年限，不致中途夭折，那我也就没有什么可说的了。可以适当学习服药之法，但不要因此荒废其他事务。庚肩吾经常服用槐实，他七十多岁时，眼睛还能看清细小的文字，头发胡须仍是黑的。邺城的朝臣，有很多人单服杏仁、枸杞、黄精、术、车前而获得好的效果，在此不能一一陈说。我曾经牙齿患病，摇动欲落，饮食冷热都会引起疼痛。后来看见《抱朴子》所记载固齿之法，说早上叩齿三百下可获良效。我试行了几天，牙病就好了，到现在还一直坚持早上叩齿。这种小小的治病方法，对我们做事并无妨害，也是可以学习一下的。你们如果想服药健身，那么陶弘景的《太清方》一书中收录的药方十分完备，但要选取那些精当的方子使用，不可轻率从事。最近有叫王爱州的人在邺城学服松脂，因为不能节制，导致而肠子堵塞而死，被药物所害的人还是很多的。

原文

夫养生^①者先须虑祸，全身保性。有此生然后养之，勿徒养其无生^②也。单豹养于内而丧外，张毅养于外而丧内，前贤所戒也。嵇康著《养生》之论，而以傲物受刑；石崇冀服饵之征，而以贪溺取祸，往世之所迷也。

注释

①养生：摄养身心，以期保健延年。

②无生：指不生存在世上。

译文

养生的人首先应顾虑避免灾祸，保全身心性命，有了生命，然后再去保养它，不要白白地保养那不存在的生命。单豹善于保养身心，却外祸而送命；张毅善于避免外祸，却因体内发病而丧生，这都是前代贤人引以为戒的。嵇康著有《养生论》一书，却因为人傲慢而被杀；石崇希望通过服药强身健体，却因贪恋钱财美女而致杀身之祸，这些都是前代人糊涂的例子。

原文

夫生不可不惜，不可苟惜^①。涉险畏之途，干祸难之事，贪欲以伤生，谗慝^②而致死，此君子之所惜哉；行诚孝而见贼^③，履仁义而得罪，丧身以全家，泯躯而济国，君子不咎^④也。自乱离已来，吾见名臣贤士，临难求生，终为不救，徒取窘辱，令人愤懑。侯景之乱，王公将相，多被戮辱，妃主姬妾^⑤，略无全者。唯吴郡太守张嵊^⑥，建义^⑦不捷，为贼所害，辞色不挠；及鄱阳王世子谢夫人^⑧，登屋诟怒，见射而毙。夫人，谢遵女也。何贤智操行若此之难？婢妾引决^⑨若此之易？悲夫！

注释

①苟惜：过分地爱惜，不应该爱惜的也爱惜。

②谗慝（chán tè）：进谗言陷害。

③贼：杀害。

④咎：抱怨。

⑤妃：皇帝的妾，太子、王的妻。主：公主。姬：皇宫中女宫。妾：指大臣的小老婆。

⑥张嵊：字四山，南朝梁人，侯景之乱时发兵讨伐侯景，兵败被杀。

⑦建义：指发动义军讨伐侯景。

⑧世子：帝王及诸侯的正妻所生的长子。谢夫人：萧嗣的妻子。

⑨引决：自杀。

译文

生命不可以不珍惜，也不可以无原则地吝惜。踏上那危险可怕的道路，做下招灾蒙难的事情，贪图欲望而损伤身体，遭受谗言而枉送性命，这是君子所惋惜的；如果是奉行忠孝而被杀害，施行仁义而获罪责，舍身以保家，捐躯以救国，君子是不会抱怨的。自从梁朝动乱以来，我看见那些名臣贤士，临难求生，终未获救，白白地自找羞辱，真是令人愤懑。侯景之乱时，王公将相大都受辱被杀，妃嫔姬妾几乎没有得以保全的。只有吴郡太守张嵊，兴师讨贼未能取胜，被叛贼杀害，临终之时，言辞神色毫无屈服的表现。还有鄱阳王世子萧嗣之妻谢夫人，登上房顶怒骂群贼，被乱箭射死。谢夫人是谢遵的女儿。为什么贤德智慧的官绅们坚守操行是如此困难，婢女妻妾自杀成仁却是如此干脆？真是可悲啊！

典故品读

载酒问字

汉代，有一个人叫扬雄，字子云，蜀郡成都（今四川成都）人，他是著名的学者和文学家。扬雄在青年时期学习很刻苦，博览群书，知识丰富。他不善言谈，善于思考问题，清心寡欲，不追求富贵，不贪图虚名。一生喜爱文学，尤其偏爱辞赋。他虽家境贫寒，但却全心写作，著述很多。

扬雄曾经因病辞了官，后来又被任为大夫。由于他的家境贫穷，又喜欢喝酒，所以很少有人去拜访他。因而爱好学问的人都是带着酒菜向他讨教，巨鹿的侯芭经常和扬雄住在一起，学习他著的《太玄经》《法言》等哲学著作。

《太玄经》是模仿《易经》写的，《法言》是模仿《论语》写的，比较难懂。大学问家刘歆看过这两部书后，对扬雄说："何必白白辛苦一场呢！如今那些享有高官厚禄的学者，尚且弄不懂《易经》，何况你的《太玄经》是模仿《易经》写的。能有什么价值呢？可能后人要用它盖酱缸了。"对刘歆这番冷嘲热讽的话，扬雄笑而不答。公元18年，扬雄病逝，享年七十一岁。侯芭为他修了坟，并且守丧三年。

扁鹊见蔡桓公

春秋时，有一天，蔡桓公在家里翻阅竹简。扁鹊进来见他，站着观察了一会儿，说："主上，您生病了。不过病还很轻，只在皮肤和肌肉之间，但要是不及时医治恐怕会加重。"

蔡桓公很不耐烦地说："我身体好好的，一点病也没有。"

过了十天，扁鹊又去见蔡桓公，说："您的病已经深入到肌肉里去了，如果还不医治，将会更加严重。"

蔡桓公嘟哝着说："我身体好好的，哪来的病？"

又过了十天，扁鹊特意来见蔡桓公，说："您的病已经深入到肠胃里去了，再不医治，病情将十分可怕。"

这次蔡桓公更加气愤，瞪着扁鹊，嚷道："你胡说八道。"

又过了十天，扁鹊看见蔡桓公后，转身就跑。蔡桓公感到奇怪，忙派人去问原因。扁鹊说："现在桓公的病已经深入到骨髓里去了，我已经无能为力了。当初病在皮肤和肌肉之间，用汤熨的办法就可以治好；后来病在肌肉里，用针灸的方法也可以治好；再后来病在肠胃里，服用药汤还可以治好；可是现在病在'司命神'所管的骨髓里，就再也没有办法了。"

过了五天，蔡桓公全身发痛，立刻派人去请扁鹊，而扁鹊已经逃到秦国去了。

不久，蔡桓公就病死了。

归心第十六

原文

三世①之事，信而有征，家世归心②，勿轻慢也。其间妙旨，具诸经论③，不复于此，少能赞述；但惧汝曹犹未牢固，略重劝诱尔。

注释

①三世：佛教以过去、未来、现在为三世。

②归心：从心里归附。这里是归心佛教之意。

③经论：佛教以经、律、论为三藏。经为佛教所自说，律记戒规，论是经义的解释。

译文

佛家所说的过去、未来、现在"三世"的事情，是可靠而有根据的，我们家世代归心佛教，不可轻忽怠慢。佛教中的精妙内容，都见于佛教的典籍中，我就不用再转述赞美了；又怕你们记得尚不牢固，所以再对你们稍加劝勉诱导一下。

原文

原夫四尘五荫①，剖析形有；六舟三驾②，运载群生：万行归空，千门③入善，辩才智惠④，岂徒七经⑤、百氏之博哉？明非尧、舜、周、孔所及也。内外两教⑥，本为一体，渐积为异，深浅不同。内典初门，设五种禁；外典仁义礼智信，皆与之符。仁者，不杀之禁也；义者，不盗之禁也；礼者，不邪之禁也；智者，不酒之禁也；信者，不妄之禁也。至如畋狩军旅，燕享刑罚，因民之性，不可卒除，就为之节，使不淫滥尔。归周、孔而背释宗⑦，何其迷也！

注释

①四尘：佛教称色、香、味、触为四尘。五荫：即"五阴"，佛教"五蕴"的旧译，指色（现象）、受（情欲）、想（意念）、行（行为）、识（心灵）。

②六舟：即六度。指使人由生死之此岸度到涅（寂灭）之彼岸的六种法门：布施、持戒、忍辱、精进、静虑（禅定）、智慧（般若）。三驾：三乘，佛教以羊车喻声闻乘，鹿车喻缘觉乘，牛车喻菩萨乘。

③千门：种种修行的法门，佛教语。

④惠：通"慧"。

⑤七经：指《诗》《书》《礼》《乐》《易》《春秋》及《论语》。

⑥内外两教：内教指佛教，外教指儒学。下文所说内典指佛书，外典指儒书。

⑦释宗：佛教，因佛教创始者汉译为释迦牟尼，故以"释"称佛教。

译文

　　推究"四尘"和"五荫"的道理，剖析世间万物的奥秘，借助"六舟"和"三驾"去普度众生：让众生通过种种戒行，归依于"空"；通过种种法门，渐臻于善。其中的辩才和智慧，难道只能与儒家的"七经"及诸子百家的广博相提并论吗？显然是尧、舜、周公、孔子所不及的。佛学作为内教，儒学作为外教，本来同为一体。两者教义有别，深浅程度不同。佛教经典的初阶段，设有五种禁戒；而儒家经典所讲的仁、义，礼、智、信，都与它们相合。仁就是不杀生的禁戒，义就是不偷盗的禁戒，礼就是不淫乱的禁戒，智就是不酗酒的禁戒，信就是不虚妄的禁戒。至于像狩猎、征战、饮宴、刑罚等行为，根据老百姓的天性，不能一下子都除掉，只能让它们存在而有所节制，不至于过分发展。归依周公、孔子却违背放弃佛教，是多么糊涂啊！

原文

　　俗之谤者，大抵有五：其一，以世界外事及神化无方为迂诞①也；其二，以吉凶祸福或未报应为欺诳②也；其三，以僧尼行业多不精纯为奸慝③也；其四，以糜费金宝减耗课役为损国也；其五，以纵有因缘④如报善恶，安能辛苦今日之甲，利益后世之乙乎？为异人也。今并释之于下云。

注释

①迂诞（yū dàn）：荒诞，不合事理。

②欺诳：欺骗，迷惑。

③奸慝：奸佞邪恶的人。

④因缘：指产生结果的直接原因及促成这种结果的条件，佛教语。

译文

世俗对佛教的指责，大概有以下五种：第一，以为佛教所讲述的是超出现实世界的以及怪诞神秘无法测定的事情；第二，以为人世的吉凶祸福不一定都会有相应的报应，佛教所强调的因果报应是用来迷惑众人的；第三，以为和尚、尼姑这一类人品行大多数不清白，寺庵是藏污纳垢的地方；第四，僧尼不交租，也不服役，损害了国家的利益；第五，认为就算真的有这种因缘之事，又怎么能使今天辛勤劳作的甲去为来世的乙预谋利益呢？他们已经是不同的两个人啊。今天，我将针对以上的指责一并解释如下。

原文

释一日：夫遥大之物，宁可度量？今人所知，莫若天地。天为积气，地为积块，日为阳精，月为阴精，星为万物之精，儒家所安也。星有坠落，乃为石矣；精若是石，不得有光，性又质重，何所系属？一星之径，大者百里，一宿首尾，相去数万；百里之物，数万相连，阔狭从斜，常不盈

缩。又星与日月，形色同尔，但以大小为其等差；然而日月又当石也？石既牢密，乌兔①焉容？石在气中，岂能独运？日月星辰，若皆是气，气体轻浮，当与天合，往来环转，不得错违，其间迟疾，理宜一等；何故日月五星二十八宿，各有度数，移动不均？宁当气坠，忽变为石？地既滓浊，法应沉厚，凿土得泉，乃浮水上；积水之下，复有何物？江河百谷，从何处生？东流到海，何为不溢？归塘②尾闾，渫③何所到？沃焦之石，何气所然？潮汐去还，谁所节度？天汉悬指，那不散落？水性就下，何故上腾？天地初开，便有星宿；九州未划，列国未分，翦疆区野，若为躔次④？封建已来，谁所制割？国有增减，星无进退，灾祥祸福，就中不差；乾象之大，列星之伙，何为分野，止系中国？昴为旄头，匈奴之次；西胡、东越，雕题、交阯，独弃之乎？以此而求，迄无了者，岂得以人事寻常，抑必宇宙外也？

归心第十六

注释

①乌兔：古代神话传说日中有乌，月中有兔。

②归塘：即归墟，传说为海中无底之谷。

③渫（xiè）：泄露。

④躔（chán）次：日月星辰在运行轨道上的次序。

译文

对第一种指责，解释如下：极远极大的东西，难道可以测量吗？今人所熟知的，没有超过天地。天是云气堆积而成，地是土块堆积而成，太阳是阳刚之气的精华，月亮是阴柔之气的精华，星星是宇宙万物的精华，这是儒家所喜欢的说法。星星有时会坠落下来，就成了石头。但是，这万物的精华如果是石头，就不应该有光亮，而且石头的特性又很沉重，靠什么把它们系挂在天上呢？一颗星星的直径，大的有一百里，一个星宿从头到尾，相隔数万里，直径一百里的物体，在天空数万里相连，它们形状的宽窄、排列的纵横，竟然都保持一定而没有盈缩的变化。再说，星星与太阳、月亮相比，它们的形状、色泽都相同，只是大小有差别，既然如此，那么太阳、月亮也应当是石头吗？石头的特性既然是那样坚固，那三足乌和蟾蜍、玉兔，又如何在石头中间存身呢？而且，石头在大气中，难道能够自行运转吗？如果太阳、月亮和星星都是气体，那么气体很轻浮，它们就应当与天空合而为一，它们围绕大地来回环绕转动，就不应该相互错位，这运行中间速度的快慢，按理应该是一样的，但为什么太阳、月亮、五星、二十八宿，它们运行时各有各的位置，速度并不一致？难道它们作为气体坠落的时候，就突然变成石头了吗？大地既然是浊气下降凝集成的物质，按理应该是沉重而厚实的了，但如果往地下挖土，却能够挖出泉水来，说明大地是浮在水上的。那么，积水之下，又有些什么东西呢？长江、黄河及众多的河流，它们都是从哪里发源的？它们向东流入大海，那海水为什么不见溢出来？据说海水是通过归塘、尾闾排泄出去的，那它最终又到何处去了呢？如果说海水是被东海沃焦山的石头蒸发掉的，那沃焦山的石头又是由什么点燃的呢？那潮汐的涨落，是靠谁来节制调度？那银河悬挂在天空，为什么不会散落下来？水的特性是往低处流的，为什么又会上升到天空中去？天地初开的时候，就有星宿了，那时九州尚未划分，各国尚未分封，这些星宿划分疆域、原野，又如何为它们在运行轨道上安排位次呢？封邦建国以来，又是谁在操纵这些事呢？地上的国家有增有减，天上的星宿却没见什么改变，这中间人世的吉凶祸福，照样不断发生。天空如此之大，星宿如此之多，为什么以天上星宿的位置划分地上州郡的区域只限于中原区域呢？被称作髦头的昴星是代表胡人的，其位置对应着匈奴的疆域，那么，像西胡、东越、雕题、交趾这些地区，就被天上所抛弃了吗？对上述种种问题进行探求，至今无人能弄明白，岂能用人间普通的事理去解释宇宙之外的状况呢？

原文

> 　　凡人之信，唯耳与目；耳目之外，咸致疑焉。儒家说天，自有数义：或浑或盖，乍宣乍安。斗极①所周，管维②所属，若所亲见，不容不同；若所测量，宁足依据？何故信凡人之臆说，迷大圣之妙旨，而欲必无恒沙世界、微尘数劫也？而邹衍③亦有九州之谈。山中人不信有鱼大如木，海上人不信有木大如鱼；汉武不信弦胶，魏文不信火布；胡人见锦，不信有虫食树吐丝所成；昔在江南，不信有千人毡帐，及来河北，不信有二万斛船：皆实验④也。

注释

①斗：北斗七星。极：北极星。
②管维：宇宙运转的枢纽。
③邹衍：战国末期齐国人，哲学家、阴阳家，创立阴阳五行学。
④实验：这里指亲眼见过、真实存在的事物。

译文

　　一般人只相信自己耳闻目睹的事物，除此之外的一概加以怀疑。儒家对天的看法就有好几种：有的认为天包着地，如同蛋壳包着蛋黄一样；有的认为天盖着地，就像斗笠盖着盘子；有的认为日月众星自然飘浮于虚空之中；有的认为天际与海水相接，地就在海水之中。此外，认为北斗七星绕着北极星转动，是靠那斗枢作为转动轴。以上种种说法，如果是人们亲眼所见，就不应该如此不同；如果是揣测，那怎么能以此为据呢？我们为什么偏偏相信这凡人的臆测之说，而怀疑佛门学说的精深奥义呢？为什么就认定世

上绝不可能有佛经中所说的像恒河中的沙粒那么多的世界，就怀疑世间一粒微小的尘埃也要经历好几个劫的说法呢？邹衍也认为除了中国，世上还有其他九州的说法。山里的人不相信世上有像树木那样大的鱼，海上的人也不相信世上有像鱼那么大的树木；汉武帝不相信世上有续弦胶；魏文帝不相信世上有一种火烷布；胡人看见锦缎，不相信那是一种叫蚕的小虫吃了桑叶后所吐的丝织成的。从前我在江南的时候，不相信世上有能够容纳一千人的毡帐，等到了北方，又发现这里有人不相信世上有能装载万斛货物的大船：这些事都是确实存在的。

原文

世有祝师①及诸幻术，犹能履火蹈刃，种瓜移井，倏忽之间，十变五化。人力所为，尚能如此；何况神通感应，不可思量，千里宝幢②，百由旬座，化成净土，踊③出妙塔乎？

注释

①祝师：巫师。

②宝幢：经幢。

③踊：涌出，出现。

译文

世间有巫师及懂得各种法术的人，他们能够穿行火焰，脚踩刀刃，种下一粒瓜子可立马采摘果实，连水井也可随意移动，眨眼间的工夫，生出各种变化。人的力量，尚能达到如此地步，何况神佛施展的本领，其神奇变幻真是不可思议。那高达千里的经幢，广达数千里的莲座，能够变化出极乐世界的宝塔，是刹那间从地下冒出的吗？

原文

释二曰：夫信谤之征，有如影响①；耳闻目见，其事已多，或乃精诚不深，业缘②未感，时偶差阑，终当获报耳。善恶之行，祸福所归。九流③百氏，皆同此论，岂独释典为虚妄乎？项橐、颜回④之短折，伯夷、原宪之冻馁，盗跖、庄蹻⑤之福寿，齐景、桓魋⑥之富强，若引之先业，冀以后生，更为通耳。如以行善而偶钟祸报，为恶而傥值福征，便生怨尤，即为欺诡；则亦尧、舜之云虚，周、孔之不实也，又欲安所依信而立身乎？

注释

①影响：影子与回声。

②业缘：佛教指善业生善果、恶业生恶果的因缘。谓一切众生的境遇、生死都由前世业缘所决定。

③九流：战国时的九个学术流派。即儒家、道家、阴阳家、法家、名家、墨家、纵横家、杂家、农家。

④项橐：春秋时期神童，学问渊博，孔子曾向他请教。颜回：孔子的弟子。

⑤盗跖：先秦著名大盗。庄蹻：战国时期楚国将领。

⑥齐景：春秋时期齐国君主。桓魋：春秋时期宋国司马向魋，宋桓公之后，由此得名"桓魋"。

译文

对第二种指责，解释如下：我相信诽谤因果报应之说的种种证据，就好像影之随形，响之应声一样可以验证。这类事，我耳闻目睹得非常多。有时报应之所以未发生，或许是诚意还不够深厚，"业"与"果"尚未发生感应，倘如此，则报应就有早迟的区别，但终归会发生的。一个人积善还是作恶，将分别招致福与祸的报应。中国的九流百家，都持有与此相同的观点，怎么能单单认为佛经所说虚妄的呢？像项橐、颜回的短命而死，伯夷、原宪的挨饿受冻，盗跖、庄蹻有福长寿，齐景公、桓魋富足强大，如果我们把这看成是他们的前辈的善业或恶业的报应寄托在后代身上，那就说得通了。如果因为有人行善而偶然遭祸，为恶却意外得福，你便产生怨尤之心，认为因果报应之说只是一种欺诈蒙骗，那就好比是说尧、舜之事是虚假的，周公、孔子也不可靠。那你又能相信什么，又凭什么去立身处世呢？

原文

释三曰：开辟已来①，不善人多而善人少，何由悉责其精洁乎？见有名僧高行，弃而不说；若睹凡僧流俗，便生非毁。且学者之不勤，岂教者之为过？俗僧之学经律②，何异士人之学《诗》《礼》？以《诗》《礼》之教，格

朝廷之人，略无全行者；以经律之禁，格出家之辈，而独责无犯哉？且阙行之臣，犹求禄位；毁禁之侣，何惭供养^③乎？其于戒行^④，自当有犯。一披法服，已堕僧数，岁中所计，斋讲诵持，比诸白衣^⑤，犹不啻山海也。

注释

①开辟以来：指有天地以来。

②经律：佛教徒称记述佛的言论的书叫经，记述戒律的书叫律。

③供养：佛教徒不事生产，靠人提供食物，称供养。

④戒行：佛教指恪守戒律的操行。

⑤白衣：佛家称世俗之人为白衣。

译文

对第三种指责，解释如下：自开天辟地以来，不善良的人多而善良的人少，怎么能够要求每一位僧人都是清白高尚的呢？有些人明明看见了那些名僧们的高尚德行，却抛在一边不予称扬；但若是看到那些平庸的僧人的粗俗行为，就竭力指责诋毁。况且，学习的人不用功，难道是教育者的过错吗？那些平庸的僧人学习佛经、戒律，与读书人学习《诗经》《礼记》有什么不同？如果用《诗经》《礼记》中的教

义，来衡量朝廷中的官员，恐怕没有几个是完全够格的；同样地，用佛经、戒律中的禁条，来衡量这些出家僧人，怎么能够唯独要求他们不犯过错呢？而且，那些行为有过失的臣子们，仍在那里享受高官厚禄；那些违犯禁条的僧侣们，又何必对自己接受供养感到惭愧呢？他们对于佛教的戒行，自然难免有违犯的时候。但他们一旦披上法衣，就算进入了僧侣的行业，一年到头所干的事，无非是吃斋念佛、讲经修行，比起世俗之人的德行修养，差距远远胜于高山和深海。

原文

> 释四曰：内教多途，出家自是一法耳。若能诚孝在心，仁惠为本，须达、流水，不必剃落须发；岂令罄井田而起塔庙，穷编户以为僧尼也？皆由为政不能节之，遂使非法之寺，妨民稼穑，无业之僧，空国赋算，非大觉[1]之本旨也。抑又论之：求道者，身计也；惜费者，国谋也。身计国谋，不可两遂。诚臣徇主而弃亲，孝子安家而忘国，各有行也。儒有不屈王侯高尚其事，隐有让王辞相避世山林；安可计其赋役，以为罪人？若能偕化黔首[2]，悉入道场，如妙乐[3]之世，穰佉[4]之国，则有自然稻米，无尽宝藏，安求田蚕之利乎？

注释

①大觉：指佛的觉悟，此用以指佛教。
②黔首：老百姓。
③妙乐：古代西印度国名。
④穰佉（ráng qū）：印度古代神话中国王名，即转轮王。

译文

对第四种指责，解释如下：佛教修持的方法有很多种，出家为僧只是其中的一种。如果一个人能够把忠、孝放在心上，以仁、惠为立身之本，像须达、流水两位长者所做的那样，也就不必非得剃掉头发胡须去当僧人了；哪里用得着把所有的田地都拿去盖宝塔、寺庙，让所有的百姓都去当和尚、尼姑呢？那都是因为执政者不能够节制佛事，才使得那些非法而起的寺庙妨碍了百姓的耕作，没有正业的僧人耗空了国家的税收，这就不是佛教救世的本旨了。再进一步说，谈到追求真理，这是个人的打算；谈到珍惜费用，这是国家的谋划。个人的打算与国家的谋划，是不可能两全的。这就像作为忠臣以身殉主，为此不惜放弃奉养双亲的责任；作为孝子为使家庭安宁，不惜忘掉为国家服务的职责，两者各有各的行为准则啊。儒家中有不为王公贵族所屈、志节高尚的人，隐士中有辞去王侯、丞相的地位到山林中远避尘世的，我们又怎么能去算计这些人应承担的赋税，把他们当成罪人呢？如果我们能够感化所有的老百姓，使他们信奉佛教，去往佛经中所

说的极乐之地、襄伕之国，那里有自然生长的稻米，数不尽的宝藏，何必再去追求种田、养蚕的微利呢？

原文

释五曰：形体虽死，精神犹存。人生在世，望于后身①似不相属；及其殁后，则与前身似犹老少朝夕耳。世有魂神，示现梦想，或降童妾，或感妻孥，求索饮食，征须福佑，亦为不少矣。今人贫贱疾苦，莫不怨尤前世不修功业；以此而论，安可不为之作地②乎？夫有子孙，自是天地间一苍生耳，何预身事？而乃爱护，遗其基址，况于己之神爽③，顿欲弃之哉？凡夫蒙蔽，不见未来，故言彼生与今非一体耳；若有天眼④，鉴其念念⑤随灭，生生⑥不断，岂可不怖畏邪？又君子处世，贵能克己复礼，济时益物。治家者欲一家之庆，治国者欲一国之良，仆妾臣民，与身竟何亲也，而为勤苦修德乎？亦是尧、舜、周、孔虚失愉乐耳。一人修道，济度几许苍生？免脱几身罪累？幸熟思之！汝曹若观俗计，树立门户，不弃妻子，未能出家；但当兼修戒行，留心诵读，以为来世津梁。人生难得，无虚过也。

注释

①后身：佛教认为人死要转生，故有前身、后身之说。

②为之作地：为他（后身）留余地。

③神爽：神魂，心神。

④天眼：佛教所说五眼这一，即天趣之眼，能透神六道、远近、上下、前后、内外及未来等。

⑤念念：指极短的时间，此句是说生命在极短的时间内不断产生又不断消亡。

⑥生生：指轮回。

译文

对第五种指责，解释如下：人的形体虽然死去，精神仍旧存在。人生活在世上时，觉得自己与来世似乎没有什么关系，等到他死了以后，才发现自己与前身的关系就好像老年与少年、清晨与傍晚的关系。世界上有死人的魂灵向亲人托梦的事，或托梦于他的童仆侍妾，或托梦于他的妻子儿女，向他们索要饮食，求取福佑，这类事是不少的。现在的人若是处在贫贱疾苦的境地，没有不怨恨前世不修功业的，就这一点来说，怎么可以不早修功业，以便为来世留有余地呢？一个人有儿子、孙子，他与儿子、孙子各自都是天地间的黎民百姓，相互间有什么关系？而这个人尚且知道爱护他的儿孙们，把自己的房产基业留传给他们，何况对于自己本人的魂灵，怎可弃置不顾呢？一般人的眼睛却被蒙蔽，看不见未来之事，所以他们说来生、前生与今生不是同一个人。如果有一双天眼，让这些人通过它照见自己的生命在一瞬间由诞生到消亡，又由消亡到诞生，这样生

死轮回，连绵不断，他难道不感到畏惧吗？再说，君子生活在这个世界上，贵在能够克制私欲，谨守礼仪，匡时救世，有益于人。管理家庭的人希望家庭幸福，治理国家的人希望国家昌盛，这些人与自己的仆人、侍妾、臣属、民众有什么亲密关系，值得这样卖力地为他们辛苦操持呢？也不过是像尧、舜、周公、孔子那样，是为了别人的幸福而牺牲个人欢乐的人。一个人修身求道，可以救济多少苍生？免掉多少人的罪孽呢？希望你们仔细考虑一下这个问题。你们若是顾及世俗的责任，要建立家庭，不抛弃妻子儿女，不能出家为僧，也应当修养品性，恪守戒律，留心于佛经的诵读，把这些作为通往来世的桥梁。人生是宝贵的，可不要虚度啊。

原文

儒家君子，尚离庖厨①，见其生不忍其死，闻其声不食其肉。高柴、折像，未知内教，皆能不杀，此乃仁者自然用心。含生②之徒，莫不爱命；去杀之事，必勉行之。好杀之人，临死报验，子孙殃祸，其数甚多，不能悉录耳，且示数条于末。

注释

①庖厨：厨房。

②含生：一切有生命的，多指人类。

译文

　　儒家的君子，都远离厨房，因为他们若是看见那些禽兽活着时的样子，就不忍心杀掉它们，他们若是听见禽兽的惨叫声，就吃不下它们的肉。像高柴、折像这两个人，他们并不了解佛教的教义，却都不愿杀生，这就是仁慈的人天生的善心。凡是有生命的东西，没有不爱惜自己的生命的，所以要尽力做到不杀生。喜欢杀生的人，临死会遭到报应，子孙也跟着遭殃，这类事很多，我不能全部记录下来，姑且抄示几条于本文之末。

原文

　　梁世有人，常以鸡卵白和沐①，云使发光，每沐辄二三十枚。临死，发中但闻啾啾数千鸡雏声。

　　江陵刘氏，以卖鳝羹为业。后生一儿头是鳝，自颈以下，方为人耳。

　　王克为永嘉郡守，有人饷②羊，集宾欲宴。而羊绳解，来投一客，先跪两拜，便入衣中。此客竟不言之，固无救请。须臾，宰羊为羹，先行至客。一脔入口，便下皮内，周行遍体，痛楚号叫，方复说之。遂作羊鸣而死。

　　梁孝元在江州时，有人为望蔡县令，经刘敬躬乱，县廨③被焚，寄寺而住。民将牛酒作礼，县令以牛系刹柱，屏除形象，铺设床坐，于堂上接宾。未杀之顷，牛解，径来至阶而拜，县令大笑，命左右宰之。饮啖醉饱，便卧檐下。稍醒而觉体痒，爬搔隐疹，因而成癞，十许年死。

　　杨思达为西阳郡守，值侯景乱，时复旱俭，饥民盗田中麦。思达遣一部曲④守视，所得盗者，辄截手腕，凡戮十余人。部曲后生一男，自然无手。

　　齐有一奉朝请⑤，家甚豪侈，非手杀牛，啖之不美。年三十许，病笃，大见牛来，举体如被刀刺，叫呼而终。

　　江陵高伟，随吾入齐，凡数年，向幽州淀中捕鱼。后病，每见群鱼啮之而死。

注释

①沐：洗头发。

②饷：赠送。

③廨（xiè）：官署，县衙。

④部曲：手下，部属。

⑤奉朝请：官名，古代诸侯春天朝见天子叫"朝"，秋天朝见天子叫"请"，定期朝见的叫"奉

朝请"。

译文

　　梁朝有一个人，常常拿鸡蛋清和在水里洗头发。说这样可使头发光亮，每洗一次就要用去二三十枚蛋。他临死时，只听见头发中传出几千只雏鸡的啾啾叫声。

　　江陵的刘氏，以卖鳝鱼羹为生。后来生了一小孩，长了一个鳝鱼头，从脖子往下，才是人形。

　　王克任永嘉太守的时候，有人送他一只羊，他就邀集宾客来打算举办一个宴会。那羊突然挣脱绳子，奔到一位客人面前，先跪下拜了两拜，便钻到客人衣服里去。这位客人竟然一言不发，坚持不为这只羊求情。一会儿，那只羊就被拉去宰杀后做成肉羹，先送到这位客人面前。他把一块羊肉放入口中，那块肉像是进了皮内，在全身运行，这位客人痛苦号叫，才开口说起刚才的事。最后发出羊的叫声死去了。

　　梁孝元帝在江州的时候，有个人在望蔡县当县令，当时刚经过刘敬躬的叛乱，县署被烧毁，就到一所寺庙去寄住。百姓送他一头牛、几缸酒作礼物。县令叫人把牛拴在刹柱上，搬开佛像，准备座席，在佛堂上接待宾客。还没开始杀牛的时候，那牛就挣脱绳子，径直跑到台阶前向县令跪拜求情，县令大笑，命左右把牛拉下去宰了。那县令酒足饭饱后就在屋檐下睡觉。一会儿睡醒后觉得身上发痒，就到处抓，后来这皮肤病发展成恶疮，十多年后便死了。

　　杨思达任西阳郡太守的时候，正碰上侯景之乱，又逢旱灾，饥民们便到田里来偷麦子。杨思达就派了一位部属去看守，凡抓到偷麦子的，就砍掉手腕，共砍了十几个人。后来那部属生了一个男孩，天生就没有手腕。

　　齐朝有一位大臣，家中非常豪华奢侈。不是自己亲手宰杀的牛，吃起来就觉得味道不美。这位大臣活到三十几岁时，得了重病，看见许多牛朝他奔来，周身就像刀

割般疼痛，最后叫呼着死去。

江陵的高伟，随我一同到齐国，有几年的时间，他都到幽州的湖泊中捕鱼。后来他生了病，常常看见成群结队的鱼来咬他，最后也死去了。

原文

> 世有痴人，不识仁义，不知富贵并由天命。为子娶妇，恨其生资①不足，倚作舅姑之尊。蛇虺②其性，毒口加诬，不识忌讳，骂辱妇之父母，却成教妇不孝己身，不顾他恨。但怜己之子女，不爱己之儿妇。如此之人，阴纪其过，鬼夺其算③。慎不可与为邻，何况交结乎？避之哉！

注释

①生资：这里指嫁妆。
②蛇虺：泛指蛇类，比喻心肠狠毒的人。
③算：阳寿，寿命。

译文

世间有一种愚蠢的人，不懂得仁义，也不知道富贵皆由天命。为儿子娶媳妇，恨媳妇的嫁妆太少，仗着自己当公婆的尊贵身份，怀着毒蛇般的心性，对媳妇恶意辱骂，不懂得忌讳，甚至谩骂侮辱媳妇的父母，这反而是教媳妇不用孝顺自己。也不顾她的怨恨，只知道疼爱自己的子女，不知道爱护自己的儿媳，像这种人，阴司会把他的罪过记载下来，鬼神也会减掉他的寿命。千万不可与这种人做邻居，更何况与这种人交朋友呢？还是躲他们远点吧。

典故品读

匡章以信立身

战国时期，有一次秦国借道韩、魏攻打齐国，齐威王派将军匡章率兵迎战，两军交错扎营。开战之前，双方使者来来往往，匡章借机变更了部分齐军的徽章，混到秦军中待机配合齐国的主攻部队破敌。有人趁机向威王打小报告，说匡章可能要带兵降秦。威王听了置之不理，之后，前线又传来匡章降秦的谣言，威王仍不理睬。果然，时过不久，从前线传来了齐军大胜的捷报。左右很吃惊，问威王为什么有先见之明。

威王说，从匡章平时的表现中就可以判断出来。原来匡章母亲因事被其父杀死，埋在马棚之下。威王任匡章为将时，其父已死。威王曾许诺他打了胜仗，就为其母改葬，但被匡章拒绝，理由是父亲生前未做此吩咐。他说："不得父命而葬母，是欺死父也。"这使威王对匡章的为人有了较深的了解。他认为，一个人"为了不欺死父，岂为人臣欺生君哉"？尽管谣言四起，但威王都没有相信，坚持让匡章指挥作战，终于取得了胜利。

匡章知道此事后，十分感动，誓死效忠，他北伐燕，南征楚，屡建战功。

风树之叹

春秋时，有一次孔子带了一群学生出门去。走着走着，忽然听到前面传来一阵哭声，非常悲伤。孔子对赶车人说："快点儿赶上前去，看看是什么人在那里哭泣。"

他们走近一看，发现正在哭泣的是一个须发斑白的老人。孔子诧异地问他："先生是谁？为什么在这里哭？"老人回答说："我叫皋鱼，因为想起我的三次重大损失，所以伤心痛哭。"孔子又问："您的三次重大损失是什么呢？"皋鱼说："一是我年少时就外出求学，父母很早就双双去世；二是我自命清高，立志不为昏君做事，直到年老体衰还一事无成；三是我本来有不少情谊深厚的朋友，却中途断绝了与他们的友情。如今我想起这些，心意难平，就像树木想安静下来而风偏要不停地吹。我想尽孝奉养双亲，他们却过早去世。想到再也不能见到我的父母了，我实在悲痛难忍。从此以后，我要与这个世界永诀了。"说罢，皋鱼便如枯木一般呆立不动，孔子仔细一看，原来他已经气绝身亡了。孔子立即告诫学生们要记住皋鱼的教训，于是立刻就有十几名学生告辞回家去侍奉父母了。

书证第十七

原文

《诗》云："参差荇菜[①]。"《尔雅》云："荇，接余也。字或为'莕'。"先儒解释皆云："水草，圆叶细茎，随水浅深。今是水[②]悉有之。黄花似莼[③]，江南俗亦呼为'猪莼'，或呼为'荇菜'。"刘芳[④]具有注释。而河北俗人多不识之，博士[⑤]皆以参差者是苋菜[⑥]，呼"人苋"为"人荇"，亦可笑之甚。

注释

①参差：长短不齐的样子。荇（xìng）菜：一种水生植物，漂浮于水面。

②是水：有水的地方。

③莼：莼菜。

④刘芳：字伯文，北魏彭城人。

⑤博士：古代学官名。

⑥苋（xiàn）菜：一年生草本植物。花黄绿色，嫩苗可食用。

译文

《诗经》上说："参差荇菜。"《尔雅》解释说："荇菜，就是接余。这个字又写作'苔'。"前代学者们的解释都说："荇就是一种水草，圆叶细茎，其高低随水的深浅而定，现在有水的地方都有它，它那黄色的花就像莼菜，江南民间也称它'猪莼'，也有人叫它'荇菜'。"刘芳对此都有注解。而河北地区的一般人大都不认识它，博士们都把《诗经》中所说的"参差荇菜"认作苋菜，把"人苋"叫作"人荇"，也太可笑了。

原文

> 《诗》云："谁谓荼①苦？"《尔雅》《毛诗传》并以荼，苦菜也。又《礼》云："苦菜秀②。"案：《易统通卦验玄图》曰："苦菜生于寒秋，更冬历春，得夏乃成。"今中原苦菜则如此也。一名"游冬"，叶似苦苣而细，摘断有白汁，花黄似菊。江南别有苦菜，叶似酸浆，其花或紫或白，子大如珠，熟时或赤或黑，此菜可以释劳。案：郭璞注《尔雅》，此乃蘵，黄蒢也③。今河北谓之"龙葵"。梁世讲《礼》者，以此当苦菜；既无宿根，至春方生耳，亦大误也。又高诱注《吕氏春秋》曰："荣而不实曰英。"苦菜当言英④，益知非龙葵也。

注释

①荼（tú）：苦菜。

②秀：植物开花。

③蘵（zhī）：草名，即龙葵。黄蒢（chú）：草名，叶子像酸浆，花小而白。

④英：植物开花不结果实。

译文

《诗经》上说："谁谓荼苦？"《尔雅》《毛诗传》都以荼为苦菜。此外，《礼记》上说："苦菜秀。"据考证：《易统通卦验玄图》上说："苦菜生长于深秋，经冬历春，到夏天就长成了。"现在中原一带的苦菜就是这样的。它又名"游冬"，叶子像苦苣而比若苣细小，摘断后有白色的汁液，花是黄色的，像菊花。江南一带另外有一种苦菜，叶子像酸浆草，

它的花有的紫，有的白，结的果实有珠子那么大，成熟时颜色有红的有黑的。这种菜可以消除疲劳。按：郭璞注的《尔雅》中，认为这种苦菜是"蘵"，就是黄蒢，现在河北一带把它叫作"龙葵"。梁朝讲解《礼记》的人，把它当作中原的苦菜，它既没有隔年的宿根，又是在春天才生长，这也是一个大的误释。另外高诱在《吕氏春秋》注文中说："只开花不结实的叫英。"苦菜的花就应当叫作"英"。由此更说明它不是龙葵。

原文

　　《诗》云："有杕之杜。"江南本并"木"傍施"大"，《传》曰："杕[1]，独貌也。"徐仙民音徒计反。《说文》曰："杕，树貌也。"在"木"部。《韵集》音"次第"之"第"，而河北本皆为"夷狄"之"狄"，读亦如字[2]，此大误也。

注释

①杕（dì）：树木孤独挺立的样子。
②如字：有两个读音或多个读音的字，其通常的读法叫读如字。

译文

　　《诗经》上说："有杕之杜。"江南版本的"杕"字都是"木"字旁加一个"大"字。《毛诗传》解释说："杕，孤零零的样子。"徐仙民注音"杕"为"徒计反"。《说文解字》说："杕，树木的样子。"且本字在"木"部中。《韵集》注音它为"次第"的"第"，而河北地区的版本都注为"夷狄"的"狄"，读法也与"狄"字相同，这是一个大错误。

原文

　　《诗》云："駉駉牡马[1]。"江南书皆作"牝牡"之"牡"[2]，河北本悉为"放牧"之"牧"。邺下博士见难云："《駉颂》既美僖公牧于坰野之事[3]，何限騲騭乎[4]？"余答曰："案，《毛传》云：'駉駉，良马腹干肥张也[5]。'其下又云：'诸侯六闲四种[6]。有良马，戎马，田马，驽马。'若作放牧之意，通于牝牡，则不容限在良马独得'駉駉'之称。良马，天子以驾玉辂[7]，诸侯以充朝聘郊祀[8]，必无騲也。《周礼·圉人职》：'良马，匹一人[9]。驽马，丽一人[10]。'圉人所养，亦非騲也；颂人举其强骏者言之，于义为得也。《易》曰：'良马逐逐[11]。'《左传》云：'以其良马二。'亦精骏之称，非通语也。今以《诗传》良马，通于牧騲，恐失毛生之意[12]，且不见刘芳《义证》乎？"

注释

①駉駉（jiōng）：肥壮之马。牡（mǔ）马：公马。

②牝（pìn）牡：鸟兽的雌性和雄性。

③僖公：鲁僖公。坰（jiōng）：远郊，野外。

④騲（cǎo）：母马。骘（zhì）：公马。

⑤干：人和动植物的躯干。肥张：肥壮。

⑥闲：马厩。

⑦玉辂（lù）：帝王乘的车，因以玉为饰。

⑧朝（cháo）聘：诸侯亲自或派臣按期朝见天子。郊祀：古代在郊外祭祀天地，南郊祭天，北郊祭地。郊指大祀，祀为群祀。

⑨匹一人：每匹良马由一人来饲养。

⑩丽一人：此处指两匹驾马由一人饲养。丽，成对。

⑪逐逐：狂奔。

⑫毛生：指为《诗经》作传的汉代人毛公。

译文

《诗经》里说："駉駉牡马。"江南的书上都写成"牝牡"的"牡"，黄河以北都写成"放牧"的"牧"。邺下的学者对此诘难说："《駉颂》既然是赞美僖公野外放牧的事，为什么要限定是公马还是母马呢？"我答道："据考据，《毛诗传》里说：'駉駉，是指良马的躯干肥壮。'下面又说：'周代诸侯有六个马厩，四种马。有优良的马、打仗的马、打猎的马、劣等的马。'要是解释成放牧的意思，那就是通指公马和母马了，而不能限定只有优良的马才能得到'駉駉'的美名。优良的马，天子用它来驾车，诸侯用它来参加朝见天子、在郊外祭祀天地等活动，肯定不会是母马。《周礼·圉人职》中说：'优良的马，每匹由一个人来饲养；劣等的马，每两匹由一个人来饲养。'圉人所养的马，也不会是母马；颂诗的作者列举强骏的马来进行赞美，在意思上是恰当的。《易经》中说：'良马狂奔。'《左传》中说：'赵旃用他的两匹良马……'也是说马强壮、骏美，并没有提到对所有的马都通用的说法。现在认为《毛诗传》里的良马通指母马和公马，恐怕违背了作者毛公的本意，难道没读过刘芳的《毛诗笺音义证》吗？"

原文

《月令》云①："荔挺出。"郑玄注云②："荔挺，马薤也③。"《说文》云："荔，似蒲而小，根可为刷。"《广雅》云④："马薤，荔也。"《通俗文》亦云马蔺⑤。《易统通卦验玄图》云："荔挺不出，则国多火灾。"蔡邕《月令章句》云："荔似挺。"高诱注《吕氏春秋》云："荔草挺出也。"然则月令注荔挺为草名，误矣。河北平泽率生之⑥。江东颇有此物，人或种于阶庭，但呼为"旱蒲"，故不识马薤。讲《礼》者乃以为马苋；马苋堪食，亦名豚

颜氏家训

耳，俗名马齿。江陵尝有一僧，面形上广下狭；刘缓幼子民誉⑦，年始数岁，俊晤善体物⑧，见此僧云："面似马苋。"其伯父緔因呼为"荔挺法师"。緔亲讲《礼》名儒⑨，尚误如此。

注释

①《月令》：《礼记》中《月令》章。

②郑玄：字康成，东汉高密人，曾遍注五经。

③马薤（xiè）：植物名，叶子像薤，但是较薤长、厚，像蒲草。

④《广雅》：我国古代字典，三国时魏人张揖撰。

⑤《通俗文》：一部解释经史用字的字典，汉代人服虔撰，已失传。马蔺（lìn）：蠡实别名，多年生草本植物，叶子富于韧性，可用来捆物，又可造纸，根可以制刷子。

⑥平泽：平湖，沼泽。率：皆，遍。

⑦刘缓：字含度，南朝梁人。

⑧俊晤：聪明卓异。体物：描述事物，摹状事物。

⑨緔亲：刘緔。

译文

　　《礼记·月令》中说："荔挺出。"郑玄解释说："荔挺，就是马薤。"《说文解字》中说："荔，形状像蒲草，但是比蒲草小，根能用来制作刷子。"《广雅》中说："马薤，就是荔。"《通俗文》也说它是马蔺。《易统通卦验玄图》中说："若是荔挺不发芽，那国家就会多火灾。"蔡邕的《月令章句》中说："荔似挺。"高诱注的《吕氏春秋》中说："荔草直立生长。"然而《月令注》认为荔挺是草名，错了。黄河以北的湖泊沼泽里到处都长着这种植物。江南也有很多这种植物，有人把它种在台阶前的庭院里，管它叫"旱蒲"，所以不认识马薤。讲授《礼记》的人就认为"荔"是"马苋"；马苋可以吃，也叫"豚耳"，俗名叫"马齿"。江陵有个和尚，脸型上宽下窄；刘缓的小儿子刘民誉，年纪刚刚几岁，聪明卓异，善于描摹事物，他见到这个僧人就说："这和尚的脸像马苋。"他的伯父刘緔因此就称这个僧人为"荔挺法师"。刘緔本人就是讲授《礼记》的著名学者，竟然也会错到这种程度。

原文

　　《诗》云："将其来施施①。"《毛传》云："施施，难进之意。"郑《笺》云："施施，舒行貌也。"《韩诗》亦重为"施施"②。河北《毛诗》皆云"施施"。江南旧本，悉单为"施"，俗遂是之，恐为少误。

注释

①施施：形容徐行的样子。

②重（chóng）为：指两个"施"字重叠而用。

译文

《诗经》中说："将其来施施。"《毛诗传》中说："施施，是行进困难的意思。"郑玄的《毛诗传笺》中说："施施，是行进舒缓的样子。"《韩诗》中也叠用了"施施"两个字。黄河以北的《毛诗传》中都写作"施施"。江南地区的旧版本，都只写一个单字"施"，于是大家都认为是对的，恐怕是错的。

原文

《诗》云："有渰萋萋，兴云祁祁①。"《毛传》云："渰，阴云貌。萋萋，云行貌。祁祁，徐貌也。"《笺》云："古者，阴阳和，风雨时，其来祁祁然，不暴疾也。"案：渰已是阴云，何劳复云"兴云祁祁"耶？"云"当为"雨"，俗写误耳。班固《灵台诗》云："三光宣精②，五行布序③，习习祥风，祁祁甘雨。"此其证也。

注释

①渰（yǎn）：阴云。萋萋：云弥漫的样子。祁祁（qí）：舒缓的样子。
②三光：指日、月、星。宣精：日、月、星辰发的光。
③五行：指水、火、木、金、土五种元素，我国古代认为世界是由这五种元素构成的。布序：依次展布。

译文

《诗经》中说："有渰萋萋，兴云祁祁。"《毛诗传》中说："渰，阴云之貌。萋萋，云朵移动的样子。祁祁，舒缓的样子。"《毛诗传笺》中说："在古代，阴阳调和，风雨按时来，来时舒缓，不迅猛。"据考证："渰"已经是指阴云，哪里用再说"兴云祁祁"呢？"云"应当是"雨"，是一般人写错了。班固的《灵台诗》中说："三光宣精，五行布序，习习祥风，祁祁甘雨。"就是此说法的例证。

原文

《礼》云："定犹豫，决嫌疑①。"《离骚》曰："心犹豫而狐疑。"先儒未有释者。案，《尸子》曰："五尺犬为犹。"《说文》云："陇西谓犬子为犹②。"吾以为人将犬行，犬好豫在人前③，待人不得，又来迎候，如此往返，至于终日，斯乃"豫"之所以为未定也，故称"犹豫"。或以《尔雅》曰："犹如麂④，善登木。"犹，兽名也，既闻人声，乃豫缘木⑤，如此上下，故称"犹豫"。狐之为兽，又多猜疑，故听河冰无流水声，然后敢渡。今俗云："狐疑，虎卜⑥。"则其义也。

注释

① “定犹豫”两句：意为判断嫌疑，决定犹豫。

② 犬子：幼犬。

③ 豫：事先，预先。

④ 麂（jǐ）：一种小型鹿，腿细且有力，善于跳跃。

⑤ 缘木：爬树。

⑥ 虎卜：古代一种占卜法。

译文

《礼记》中说：“定犹豫，决嫌疑。”《离骚》中说：“心犹豫而狐疑。”前辈的学者对此都没有解释。据考证，《尸子》中说：“五尺长的狗是犹。”《说文解字》中说：“陇西称狗的幼崽为犹。”我认为人带着狗走时，狗喜欢先跑到人前，等人等不到，又跑回来迎候，像这样来来回回，整天如此，这就是“豫”之所以表示不确定的原因，所以才说“犹豫”。有人认为《尔雅》中说：“犹，形状像麂，善于爬树。”犹是动物的名字，它听到人的声音就会提前爬上树，这样上下不定，因此称为“犹豫”。狐狸是一种野兽，生性多疑，所以过河时，听到结冰的河里没有流水声后才敢过。今天有句俗语说：“狐狸多疑，老虎占卜。”就是这个意思。

原文

　　《左传》曰：“齐候痎，遂痁。”①《说文》云：“痎，二日一发之疟。痁，有热疟也。”案：齐候之病，本是间日一发，渐加重乎故，为诸侯忧也，今北方犹呼“痎疟”，音“皆”。而世间传本多以“痎”为“疥”，杜征南亦无解释，徐仙民音"介"，俗儒就为通云②："病疥，令人恶寒，变而成疟。"此臆说也。疥癣小疾，何足可论，宁有患疥转作疟乎？

注释

①见《左传·昭公二十年》。孔颖达疏："疥当为痎，痎是小疟，痁是大疟。"齐侯，指齐景公。
②俗儒：浅陋迂腐的儒士。就：从。通：贯通。

译文

《左传》里说："齐侯得了痎，后来转成了痁。"《说文解字》中说："痎是两天发作一次的疟疾。痁是有发热症状的疟疾。"据考证：齐侯的病，本来是两天发一次，较原来逐渐加重，所以成了诸侯忧虑的事。现在北方仍然说"痎疟"，发音为"皆"。而世间的传本大多把"痎"写作"疥"，杜预也没有解释。徐仙民把"痎"注音为"介"，一般的学者依照这个说法把它解释成："患了疥疮，使人产生畏寒的症状，就转变成了疟疾。"这是一种想当然的说法。疥癣这种小毛病，有什么值得说的，难道会有生疥疮而转变成疟疾的吗？

原文

《尚书》曰："惟影响①。"《周礼》云："土圭测影②，影朝影夕。"《孟子》曰："图影失形③。"《庄子》云："罔两问影④。"如此等字，皆当为"光景"之"景"。凡阴景者⑤，因光而生，故即谓为"景"。《淮南子》呼为"景柱"，《广雅》云："晷柱挂景⑥。"并是也。至晋世葛洪《字苑》⑦，傍始加"彡"，音于景反。而世间辄改治《尚书》《周礼》《庄》《孟》从葛洪字，甚为失矣。

注释

①影响：影子和回声。用来形容感应迅捷。
②土圭（guī）：古代用来测日影、看时间、测量土地的工具。
③图影：画影。
④罔（wǎng）两：影子边缘的淡薄阴影。
⑤阴景：阴影。
⑥晷柱：即晷表，日晷上测量日影的标杆。
⑦葛洪：东晋学者，著《抱朴子》《字苑》。

译文

《尚书》中说："惟影响。"《周礼》中说："用土圭来测日影，影朝多阴，影夕多风。"《孟子》说："图影失形。"《庄子》中说："罔两问影。"像这些字（"影"），都应当是"光景"的"景"字。所有的阴影，都是依托光明产生的，所以称为"景"。《淮南子》中称

"景柱"，《广雅》中说："暑柱挂景。"都是这样。到了晋代葛洪著的《字苑》中，才在"景"字旁加"彡"，读成"于景反"。而世人就擅自改动《尚书》《周礼》《庄子》《孟子》等书中的"景"字，用葛洪所说的字（"影"），这真是个大错误啊。

原文

太公《六韬》[①]，有天陈、地陈、人陈、云鸟之陈[②]。《论语》曰："卫灵公问陈于孔子[③]。"《左传》："为鱼丽之陈[④]。"俗本多作"阜"傍"车乘"之"车"。案诸陈队，并作"陈郑"之"陈"。夫行陈之义，取于陈列耳，此六书为假借也[⑤]，《仓》《雅》及近世字书[⑥]，皆无别字；唯王羲之《小学章》[⑦]，独"阜"傍作"车"，纵复俗行，不宜追改《六韬》《论语》《左传》也。

注释

①《六韬》：中国古代兵书，分为文韬、武韬、龙韬、虎韬、豹韬、犬韬。
②陈（zhèn）：同"阵"，军阵。
③"卫灵公"句：典故见《论语·卫灵公》："卫灵公问陈于孔子。孔子对曰：'俎豆之事，则尝闻之矣；军旅之事，未之学也。'明日遂行。"
④鱼丽：古代战阵名。杜预注："《司马法》：'车战二十五乘为偏。'以车居前，以伍次之，承偏之隙而弥缝阙漏也。五人为伍。此盖鱼丽陈法。"
⑤六书：古人分析汉字造字的理论，包括象形、指事、会意、形声、转注、假借六种。假借：六书的一种，谓本无其字而依声托事。
⑥《仓》：指《仓颉篇》。《雅》：指《尔雅》。
⑦《小学章》：古代字书。

译文

姜太公的《六韬》中有天阵、地阵、人阵、云鸟之阵的记载。《论语》中说："卫灵公问阵于孔子。"《左传》中说："为鱼丽之阵。"一般版本大多（将"陈"字）写成"阜"字旁加"车乘"的"车"字。据考证，表示军阵（的"陈"字），都写作"陈郑"的"陈"字。行陈的意思，是取义于陈列，（将"陈"字写为"阵"）这在六书中属于假借法。在《仓颉篇》《尔雅》和近代的字书里，"陈"都没有写成别的字，只有王羲之的《小学章》里，唯独将"陈"字写为"阜"字旁加"车"字，即使这种写法在世间通行，也不该去改《六韬》《论语》《左传》中的"陈"字。

原文

《诗》云："黄鸟于飞，集于灌木[①]。"《传》云："灌木，丛木也。"此乃

《尔雅》之文，故李巡注曰[2]："木丛生曰灌。"《尔雅》末章又云："木族生为灌。"族亦丛聚也。所以江南《诗》古本皆为"丛聚"之"丛"，而古"丛"字似"寂"字[3]，近世儒生，因改为"寂"，解云："木之寂高长者。"案：众家《尔雅》及解《诗》无言此者，唯周续之《毛诗注》[4]，音为徂会反，刘昌宗《诗注》[5]，音为在公反，又祖会反。皆为穿凿，失《尔雅》训也。

注释

①黄鸟于飞，集于灌木：黄雀来回飞舞，栖息在灌木上。典故见《诗经·周南·葛覃》。

②李巡：东汉汝南人，曾为《尔雅》作注。

③寂（zuì）："最"的古字。

④周续之：晋人，字道祖，雁门广武人。事见《宋书·列传第五十三》。

⑤刘昌宗：晋人，著《周礼音》《仪礼音》《礼记音》。

译文

《诗经》中说："黄鸟于飞，集于灌木。"《毛诗传》中说："灌木，就是丛生的树。"这是《尔雅》里的话，所以李巡注的《尔雅》中说："树木丛生称为灌。"《尔雅》末段又说："树木族生就是灌。"族，就是丛聚的意思。所以江南的《诗经》古版中都写成"丛聚"的"丛"，而古"丛"字的字形像"寂"字，近代儒生因此就把"丛"字改成了"寂"字，并且解释成："树木中长得最高大的。"据考证：各版本的《尔雅》和《诗经》注解都没有这样说过，只有周续之的《毛诗注》中把这个字的音注成"徂会反"，刘昌宗的《诗注》，给它注的音是"在公反"，也作"祖会反"。这些都是牵强附会，不符合《尔雅》的注释。

原文

"也"是语已及助句之辞[1]，文籍备有之矣。河北经传[2]，悉略此字，其间字有不可得无者，至如"伯也执殳[3]"，"于旅也语"，"回也屡空[4]"，"风，风也，教也[5]"，及《诗传》云："不戢，戢也；不傩[6]，傩也。""不多，多也。"如斯之类，傥削此文，颇成废阙[7]。《诗》言："青青子衿[8]。"《传》曰："青衿，青领也，学子之服。"按：古者，斜领下连于衿，故谓领为"衿"。孙炎、郭璞注《尔雅》，曹大家[9]注《列女传》，并云："衿，交领[10]也。"邺下《诗》本，既无"也"字，群儒因谬说云："青衿、青领，是衣两处之名，皆以青为饰。"用释"青青"二字，其失大矣！又有俗学[11]，闻经传中时须"也"字，辄以意加之，每不得所，益成可笑。

颜氏家训

注释

①语已：语尾。助句：语助词。

②经传：儒家典籍经与传的统称。

③伯：指兄弟排行，伯为老大。殳（shū）：古兵器，多用作仪仗。

④回：指颜回，孔子学生。空：贫穷。

⑤此句第一个"风"，指《诗经》的十五国风；第二个"风"读去声，通"讽"，微言劝告的意思。

⑥傩：难。

⑦废阙：缺漏，这里指句子不完整。

⑧衿：古代衣服的交领。又指读书人穿的衣服。

⑨曹大家：指班昭，班固之妹。

⑩交领：古代交叠于胸前的衣领。

⑪俗学：世俗流行之学。这里指盲从世俗流行之学的人。

译文

　　"也"是用在句末做语气助词或者句中做助词，文章典籍中经常看到它。北方的经书传本中大都省略这个字，这中间有的"也"字是不能没有的，例如"伯也执殳""于旅也语""回也屡空""风，风也，教也"，以及《毛诗传》说："不戬，戬也；不傩，傩也。""不多，多也。"像这类例子，如果删去这个"也"字，就完全成了残缺的句子。《诗经》中有："青青子衿。"《毛诗传》解释说："青衿，青领也，学子之服。"据考证：古时候，斜领下连到衣襟，所以把衣领叫作"衿"。孙炎、郭璞注释的《尔雅》，班昭注释的《列女传》，都说："衿，交领也。"邺下的《诗经》版本，没有"也"字，各位学者就荒谬地解释说："青衿，青领，这是衣服中两处地方的名称，都用青色作装饰。"用来解释"青青"二字，这个差错就大了！又有盲从世俗流行之学的人，听说《诗经》传本中常常用"也"字，就按自己的意思加上去，往往加得不是地方，就更加可笑了。

原文

　　《易》有蜀才注①，江南学士，遂不知是何人。王俭《四部目录》②，不言姓名，题云："王弼后人③。"谢灵、夏侯该，并读数千卷书，皆疑是谯周④。而《李蜀书》，一名《汉之书》，云："姓范名长生，自称蜀才。"南方以晋家渡江后⑤，北间传记，皆名为"伪书"，不贵省读⑥，故不见也。

注释

①蜀才：范贤的自称。范贤，东晋时成汉人，字长生，曾注《周易》。

②王俭：字仲宝，琅琊临沂人，著有《七志》《宋元徽元年四部目录》等书。

③王弼：三国时魏国人，著有《周易注》。

④谯周：字允南，三国时蜀国人。

⑤晋家：指西晋。

⑥省读：阅读。

译文

　　《易经》有署名蜀才的注本，江南学者都不知道蜀才是什么人。王俭的《四部目录》中没有说他的姓名，只写道："他是王弼后人。"谢灵、夏侯该，都是读过数千卷书的人，他们都怀疑蜀才就是谯周。而《李蜀书》，又名《汉之书》，书中说："蜀才姓范，名叫长生，自称蜀才。"南方自从晋朝渡江后，把北方的书都称作"伪书"，不重视阅读（这些"伪书"），所以才不知道蜀才是谁啊。

原文

　　《礼·王制》云："裸股肱①。"郑注云："谓搴衣出其臂胫②。"今书皆作"擐甲"之"擐"③。国子博士萧该云④："'擐'当作'揎'，音'宣'，'擐'是穿著之名，非出臂之义。"案《字林》，萧读是，徐爰音"患"⑤，非也。

注释

①裸：露出。股肱（gōng）：大腿和胳膊。
②搴（xuān）衣：抒起衣服。胫：小腿。
③擐（huàn）甲：穿上铠甲。
④萧该：南朝梁鄱阳王恢之孙，性笃学，精通《汉书》。
⑤徐爰：南朝宋开阳人，著有《礼记音》。

译文

　　《礼记·王制》中说："裸股肱。"郑玄注释说："（裸股肱）是指抒起衣服露出胳膊和腿。"现在的书都写作"擐甲"的"擐"。国子博士萧该说："'擐'应当为'揎'，读为'宣'，'擐'是穿着的意思，不是露出手臂的意思。"依据《字林》中的内容，萧该的读音是正确的，徐爰读成"患"，是错的。

原文

　　《汉书》："田肎贺上①。"江南本皆作"宵"字。沛国刘显②，博览经籍，偏精班《汉》③，梁代谓之《汉》圣。显子臻④，不坠家业。读班史，呼为"田肎"。梁元帝尝问之，答曰："此无义可求，但臣家旧本，以雌黄改'宵'为'肎'⑤。"元帝无以难之。吾至江北，见本为"肎"。

注释

①肎（kěn）："肯"的古字。引文见《汉书·高帝纪》。

②刘显：字嗣芳，沛国相人，著有《汉书音》。

③班《汉》：班固所著的《汉书》。

④臻：刘臻，刘显之子。

⑤雌黄：用雌黄制成的颜料。古人写字用黄纸，有误时就用雌黄涂抹后改写。

译文

《汉书》中有："田肎贺上。"江南版本都把"肎"字写为"宵"字。沛国人刘显，博览经书典籍，尤其精通班固的《汉书》，梁朝人称他为"《汉》圣"。刘显的儿子刘臻，没有让家传的学业没落。他读班固的《汉书》时，读成了"田肎"。梁元帝曾问他为什么要这样读，（刘臻）回答说："这没有什么意义探究，只是我家的旧抄本中，用雌黄把'宵'字改成了'肎'字。"梁元帝没有为难他。我到江北后，知道这个字本来写作"肎"。

原文

《汉书·王莽赞》云："紫色蛙声，余分闰位①。"盖谓非玄黄之色②，不中律吕之音也③。近有学士，名问甚高，遂云："王莽非直鸢髆虎视④，而复紫色蛙声。"亦为误矣。

注释

①闰位：获得帝位不正统。

②玄黄：黑色和黄色。

③律吕：古代一种校正乐律的工具，后来比喻准则、标准。

④髆（bó）：胳膊。虎视：如虎之视，谓将欲有所攫取。

译文

《汉书·王莽赞》中说："紫色蛙声，余分闰位。"意思是紫色不是黑色和黄色那样的正色，蛙声不合声律的标准。近来有位学者，名望很高，居然说："王莽不仅像鸢鸟那样双肩高耸，像老虎那样雄视，而且还有着紫色的皮肤和蛙鸣一样的声音。"这也是错了。

原文

简"策"字，"竹"下施"束"，末代隶书①，似"杞宋"之"宋"②，亦有"竹"下遂为"夹"者，犹如"刺"字之傍应为"束"，今亦作"夹"。徐仙民《春秋》《礼音》，遂以"笑"为正字③，以"策"为音，殊为颠倒。

《史记》又作"悉"字，误而为"述"，作"妒"字，误而为"姤"④，裴、徐、邹皆以"悉"字音"述"⑤，以"妒"字音"姤"。既尔，则亦可以"亥"为"豕"字音，以"帝"为"虎"字音乎？

注释

①末代：指朝代衰亡的时期，文中指秦末。

②杞、宋：古国名。

③正字：字形或拼法符合标准的字，区别于异体字、错字、别字等，亦指本字。

④姤（gòu）：《易》卦名。六十四卦之一。

⑤裴、徐、邹：裴骃、徐野民，邹诞生。裴骃注《史记》，徐野民著《史记音义》，邹诞生著《史记音》。

译文

简策的"策"字，是在"竹"字下面加"朿"字，秦末的隶书中，这个字的字形类似"杞宋"的"宋"字，也有在"竹"字下面写成"夹"的，就好像"刺"字的偏旁应该是"朿"，现在也写成"夹"。徐仙民注的《春秋》和《礼记音》中，竟然以"筴"字为本字，把"策"作为读音，实在是颠倒了。《史记》中写"悉"字，错写成"述"字，写"妒"字，错写成"姤"字。裴骃、徐广、邹诞生在为《史记》作注时，都把"悉"字注音为"述"，把"妒"字注音作"姤"。既然这样，可以用"亥"为"豕"字注音，用"帝"为"虎"字注音吗？

原文

张揖云①："虙，今伏羲氏也②。"孟康《汉书·古文注》亦云③："虙，今伏。"而皇甫谧云④："伏羲或谓之宓羲。"按诸经史纬候⑤，遂无"宓羲"之号。"虙"字从"虍"⑥，"宓"字从"宀"⑦，下俱为"必"，末世传写，遂误以"虙"为"宓"，而《帝王世纪》因误更立名耳。何以验之？孔子弟子虙子贱为单父宰⑧，即虙羲之后，俗字亦为"宓"⑨，或复加"山"。今兖州永昌郡城，旧单父地也，东门有子贱碑，汉世所立，乃曰："济南伏生⑩，即子贱之后。"是知"虙"之与"伏"，古来通字，误以为"宓"，较可知矣。

注释

①张揖：字稚让，魏太中博士，著有《广雅》《埤苍》《三仓训诂》《杂字》《古文字训》。

②虙（fú）：通"伏"。姓。

③孟康：三国时魏国安平人，字公休，注《汉书》。

④皇甫谧：西晋人，字士安，著有《帝王世纪》《年历》《高士传》《逸士传》《列女传》《玄晏春秋》等书。

⑤纬候：纬书与《尚书中候》的合称，也为纬书的通称。

⑥虍（hū）：部首，意为虎皮上的花纹。

⑦宀（mián）：部首，意为房屋。

⑧宓子贱：孔子的学生宓不齐，字子贱。宓子贱曾为单父的地方官，政绩卓著。单（shàn）父：春秋时鲁国邑名，位于今山东省菏泽市单县以南。

⑨俗字：俗体字。古代指通俗流行但字形不符合规范的字，有别于正体字。

⑩伏生：秦末汉初人，名胜，原秦博士。

译文

张揖说："虙，就是现在所说的伏羲氏。"孟康在《汉书·古文注》中也说："虙，就是现在的'伏'字。"而皇甫谧说："伏羲也称作宓羲。"查阅各种经书和典籍，都没有"宓羲"的名号。"虙"字属于"虍"部，"宓"字属于"宀"部，两个字的下半部分都是"必"字，后世传抄时，错把"虙"字写成"宓"字，而皇甫谧的《帝王世纪》就因此错误地给伏羲氏另立了名号。怎样才能验证这一说法呢？孔子的学生虙子贱曾经当过单父的地方官，是虙羲后人。他的姓氏的俗体字也写作"宓"，或者再加个"山"字。现在的兖州永昌郡城，就是以前的单父地区，郡城的东门有子贱碑，是汉代所设立的，碑文说："济南的伏生，就是子贱的后人。"由此可知"虙"字和"伏"字，自古以来就是通用的字，（伏羲氏的"伏"字）错误地写为"宓"字的原因，就可以知道了啊。

原文

《太史公记》曰①："宁为鸡口，无为牛后②。"此是删《战国策》耳。案：延笃《战国策音义》曰③："尸，鸡中之王。从，牛子。"然则，"口"当为"尸"，"后"当为"从"，俗写误也。

①《太史公记》：即《史记》。汉、魏、南北朝时，世人称《史记》为《太史公记》。

②宁为鸡口，无为牛后：宁居小者之首，不为大者之后。典故见《史记·苏秦列传》。

③延笃：东汉人，字叔坚，博通经传及百家之言，事迹见《后汉书·吴延史卢赵列传》。

译文

《太史公记》中说："宁为鸡口，无为牛后。"这句话是删减了《战国策》中的文章得来的。据考证：延笃的《战国策音义》中说："尸，是鸡中主宰。从，是牛犊。"那么，(《太史公记》中的)"口"字应当为"尸"字，"后"字应当是"从"字，世人都写错了啊。

原文

应劭《风俗通》云①："《太史公记》：'高渐离变名易姓②，为人庸保③，匿作于宋子④。久之作苦，闻其家堂上有客击筑，伎痒⑤，不能无出言。'"案：伎痒者，怀其伎而腹痒也。是以潘岳《射雉赋》亦云："徒心烦而伎痒。"今《史记》并作"徘徊"，或作"彷徨不能无出言"，是为俗传写误耳。

注释

①应劭（shào）：汉代人，字仲远，曾为太山太守。

②高渐离：战国时燕人，擅长击筑，与荆轲相交，曾在易水击筑为荆轲送行。秦统一后他改姓隐居，终因伎痒难耐显露身份。秦始皇惜才赦免了他的死罪，只熏瞎了他的双眼。后高渐离将铅块藏于乐器中，趁演奏时扑击秦始皇，击而不中，被秦始皇诛杀。

③庸保：杂役之人。

④宋子：古代县名，位于今河北省巨鹿县以北。

⑤伎（jì）痒：指人有擅长的技艺，有机会就想表现，如痒难忍。

译文

应劭的《风俗通义》中说："《太史公记》里写道：'高渐离更名改姓，给人做杂役，藏在宋子。日子久了感到很劳苦，他听到主人家的大堂上有人击筑，无法克制自己展示技艺的欲望，心痒难耐，不能一言不发。'"据考证：伎痒，是指人身怀某种技艺而不能展示导致的心痒难耐。因此潘岳在《射雉赋》中也说："徒心烦而伎痒。"现在的《史记》中都写作"徘徊"，或者写作"彷徨不能无出言"，这是人们传抄时造成的错误。

原文

太史公论英布曰①："祸之兴自爱姬，生于妒媚②，以至灭国。"又《汉

书·外戚传》亦云："成结宠妾妒媢之诛[3]。"此二"媢"并当作"媚"[4]。"媚"亦妒也，义见《礼记》《三仓》[5]。且《五宗世家》亦云："常山宪王后妒媚[6]。"王充《论衡》云[7]："妒夫媚妇生，则忿怒斗讼。"益知"媚"是"妒"之别名。原英布之诛为意贲赫耳[8]，不得言"媢"。

注释

①英布：秦末汉初人，曾犯法被黥面，故称黥布，秦末英布率骊山刑徒起事，归附项羽，封九江王，奉项羽的命令追杀义帝于郴县。楚汉相争时，随何说服他归附汉军，封淮南王，从刘邦击灭项羽于垓下。高祖十一年，韩信、彭越被杀，英布起兵造反，被汉高祖击败后诱杀。

②媢：逢迎取悦。

③成结：形成，酿成。

④媚（mào）：嫉妒。

⑤《三仓》：古代三部字书的合称。汉初，以李斯《仓颉篇》、赵高《爰历篇》、胡毋敬《博学篇》合称《三仓》；魏晋时，又以李斯《仓颉篇》、扬雄《训纂篇》、贾鲂《滂喜篇》合称《三仓》。

⑥常山宪王：即汉景帝之子刘舜。

⑦王充：东汉著名学者，字仲任，会稽上虞人，著有《论衡》。

⑧贲赫：汉人，淮南王中大夫，因揭发英布谋反被封为将军。

译文

太史公在评论英布时说："灾祸兴起于他的爱姬，根源在于妒媚，导致亡国。"另外，《汉书·外戚传》中也说："宠妾妒媚酿成了杀身之祸。"这两处的"媚"字都应该为"媚"字。"媚"就是嫉妒的意思，它的释义见《礼记》《三仓》。而且《五宗世家》中也说："常山宪王的王后为人妒媚。"王充的《论衡》中说："妒夫媚妇出现，就会互相忿恨导致争斗诉讼。"能知道"媚"字就是"妒"字的别名。推究《史记》之中英布被杀的原因，应该是意指贲赫啊，不能说"媚"。

原文

《史记·始皇本纪》："二十八年，丞相隗林、丞相王绾等[1]，议于海上[2]。"诸本皆作"山林"之"林"。开皇二年五月[3]，长安民掘得秦时铁称权[4]，旁有铜涂镌铭二所[5]。其一所曰："廿六年，皇帝尽并兼天下诸侯，黔首大安，立号为皇帝，乃诏丞相状、绾，法度量则不壹、歉疑者[6]，皆明壹之。"凡四十字。其一所曰："元年，制诏丞相斯、去疾，法度量，尽始皇帝为之，皆有刻辞焉。今袭号而刻辞不称始皇帝，其于久远也，如后嗣为之者，不称成功盛德，刻此诏，故刻左[7]，使毋疑。"凡五十八字，一字磨灭，见有五十七字，了了分明[8]。其书兼为古隶。余被敕写读之[9]，与内史令李德林对[10]，见此称权，今在官库；其"丞相状"字，乃为"状貌"之"状"，"爿"旁作"犬"；则知俗作"隗林"，非也，当为"隗状"耳。

注释

①隗（wěi）林：秦朝丞相。

②海上：东海之滨。

③开皇：隋文帝年号。开皇二年即公元582年。

④铁称权：铁制秤锤。

⑤涂（dù）：以金饰物。后作"镀"。镌（juān）：雕刻。

⑥法：通"废"，废弃。度量：计量长短、容积的标准。则：标准权衡器。

⑦左：通"佐"。

⑧了了：清楚。

⑨敕：委任。写：描摹缮写。读（dòu）：这里应为标点、点断的意思。古代诵读文章，分句和读，短的停顿叫读，长的停顿叫句。后把"读"写成"逗"。

⑩对：核对。

译文

《史记·秦始皇本纪》中有记载："二十八年，丞相隗林、丞相王绾等人，议事于东海之滨。"所有的版本中都（将"隗林"的"林"）写作"山林"的"林"。隋文帝开皇二年五月，长安的老百姓挖到了秦朝的铁秤锤，铁秤锤的一侧有两处镀铜铭刻。其中一处刻着："二十六年，皇帝兼并了天下所有诸侯国，百姓太平无事，秦王立号为皇帝，于是命丞相隗状、王绾废除不一致或不明确的度量器具，将其统一。"原文共有四十个字。另一处说："元年，制诏丞相斯、去疾，法度量，尽始皇帝为之，皆有刻辞焉。今袭号而刻辞不称始皇帝，其于久远也，如后嗣为之者，不称成功盛德，刻此诏，故刻左，使毋疑。"一共有五十八个字，其中的一个字磨损得消失了，能看清的有五十七个字，都可以清楚辨明。铭文的字体都是古隶书。我被委派抄写、点断这些铭文，与内史李德林一起校对，见到了这个秤锤，它现在保存在官中的库房里；它上面的"丞相状"几个字（中的"状"字），就是"状貌"的"状"，在"爿"字旁加"犬"字；由此可知世人写作"隗林"是错的，应该是"隗状"啊。

原文

《汉书》云："中外禔福①。"字当从"示"。禔，安也，音"匙匕"之"匙"，义见《仓》《雅》《方言》②。河北学士皆云如此。而江南书本，多误从"手"③，属文者对耦④，并为"提挈"之意⑤，恐为误也。

注释

①褆（zhī）福：安宁、幸福。

②《方言》：书名，全名为《輶轩使者绝代语释别国方言》，作者是汉代扬雄。该书收集了古今各地的同义词语，注明通行范围，由此考察汉代语言的分布状况。该书为研究中国古代词汇的重要材料。

③从：聚合，归属。

④对耦：对偶，一种修辞格，用对称的字、句加强语言表达效果。

⑤提挈（qiè）：提携。

译文

　　《汉书》中说："中外褆福。"（"褆"）字应当从"示"部。褆，是安宁的意思，读作"匙匕"的"匙"，释义见《仓颉篇》《尔雅》《方言》。黄河以北的学者都是这样认为的。而江南的书本，都（把"褆"字）错写成从"手"部的字，写文章的人为了对偶，都把它理解为"提挈"的意思，恐怕搞错了啊。

原文

　　　或问："《汉书注》：'为元后父名禁①，故禁中为省中。'何故以'省'代'禁'？"答曰："案：《周礼·宫正》：'掌王宫之戒令纠禁。'郑注云：'纠②，犹割也，察也。'李登云③：'省，察也。'张揖云：'省，今省詧也④。'然则小井、所领二反，并得训'察'。其处既常有禁卫省察，故以'省'代'禁'。'詧'，古'察'字也。"

注释

①元后：汉元帝皇后。

②纠：督察。

③李登：三国时魏国人，著有《声类》，为中国最早的韵书。

④詧（chá）："察"的古体字。

译文

　　有人问："《汉书注》中记载：'因为汉元帝皇后的父亲名字叫作"禁"，所以将禁中改称为省中。'为什么用'省'字来代替'禁'字呢？"回答说："据考证：《周礼·宫正》中记载：'掌管王宫的禁令，负责纠察违禁的事。'郑玄的注释说：'纠，相当于割、察之意。'李登说：'省，就是察。'张揖说：'省，就是如今的省詧。'这样的话，'小井反'和'所领反'两种读音所代表的意义，都要解释为'察'。那里（王宫）既然常有禁卫军负责省察之事，那么就用'省'字来代替'禁'字。'詧'，是古代的'察'字。"

原文

　　《汉·明帝纪》："为四姓小侯立学①。"按：桓帝加元服②，又赐四姓及梁、邓小侯帛，是知皆外戚也。明帝时③，外戚有樊氏、郭氏、阴氏、马氏为四姓。谓之小侯者，或以年小获封，故须立学耳。或以侍祠猥朝④，侯非列侯，故曰小侯，《礼》云："庶方小侯⑤。"则其义也。

注释

①四姓：指东汉明帝时的四大外戚——樊、郭、阴、马四姓。小侯：旧时指对功臣后代和外戚子弟的封侯。

②桓帝：汉桓帝刘志。元服：指冠。古时称行冠礼为加元服。

③明帝：汉明帝刘庄。

④侍祠：陪从祭祀，此处指侍祠侯，位次九卿下者，只能陪从祭祀，没有朝位，称侍祠侯。猥（wěi）朝：即猥朝侯，汉代异姓侯之一。

⑤庶（shù）方小侯：荒远地区的小侯。

译文

　　《后汉书·明帝纪》中记载："为四姓小侯立学。"据考证：汉桓帝行冠礼时，又赏赐给四姓和梁、邓小侯等人束帛，由此能知道这些人都是外戚。汉明帝时，外戚中的樊氏、郭氏、阴氏、马氏被称为四姓。《后汉书》中称他们为小侯，可能是因为年纪很小就获得封侯，因此必须（为他们）设立学校。也可能是因为他们都是侍祠侯或猥朝侯，虽然是侯但并不是上等侯，所以称小侯。《礼记》中说的"荒远地区的小侯"，就是这个意思。

原文

　　《后汉书》云："鹳雀衔三鳝鱼①。"多假借为"鳣鲔"之"鳣"②；俗之学士，因谓之为"鳣鱼"。案：魏武《四时食制》："鳣鱼大如五斗奁③，长一丈。"郭璞注《尔雅》："鳣长二三丈。"安有鹳雀能胜一者，况三乎？鳣又纯灰色，无文章也④。鳝鱼长者不过三尺，大者不过三指，黄地黑文。故都讲云⑤："蛇鳝，卿大夫服之象也⑥。"《续汉书》及《搜神记》亦说此事⑦，皆作"鳝"字。孙卿云："鱼鳖鳅鳣。"及《韩非》《说苑》皆曰："鳣似蛇，蚕似蠋⑧。"并作"鳣"字。假"鳣"为"鳝"，其来久矣。

注释

①鹳（guàn）雀：鹳，一种水鸟。

②鳣（zhān）：鲟鳇鱼。鲔（wěi）：鲟鱼和鳇鱼的古称。

③奁（lián）：古代盛物器具，类似于盒、匣。

④文章：交织在一起的色彩或花纹。

⑤都讲：古代学舍中协助博士讲经的儒生。

⑥蛇鳣：典故见《后汉书·杨震列传》："客居于湖，不荅州郡礼命数十年，儒人谓之晚暮，而震志愈笃。后有冠雀衔三鳣鱼，飞集讲堂前，都讲取鱼进曰：'蛇鳣者，卿大夫服之象也。数三者，法三台也。先生自此升矣。'年五十，乃始仕州郡。"

⑦《续汉书》：中国古代的一部纪传体断代史，为晋代司马彪所著。《搜神记》：晋代干宝所撰，收集了大量古代民间传说及鬼怪故事。

⑧蠋（zhú）：鳞翅目昆虫的幼虫。色青，形似蚕，大如手指。

译文

《后汉书》中说："鹳雀衔三鳣鱼。"（其中的"鳣"字）常常假借为"鳣鲔"的"鳣"字；世间学者因此就认为《后汉书》中）说的是"鳣鱼"。据考证：魏武的《四时食制》中说："鳣鱼像能盛五斗的盒子那样大，身长一丈。"郭璞注的《尔雅》中说："鳣鱼长达二三丈。"哪有鹳鸟能衔住这样的大鱼，何况还是三条呢？鳣鱼又是纯灰色的，没有花纹。鳣鱼长的也超不过三尺，大的也没有三指宽，而且是黄鱼身黑花纹。所以（《后汉书》中）都讲说："蛇鳣，是卿大夫官服上的装饰图案。"《续汉书》和《搜神记》中也说到这件事，（两本书中）都写作"鳣"字。孙卿说："鱼鳖鳣鳣。"《韩非子》《说苑》中都说："鳣形状像蛇，蚕的形状像蠋。"都写作"鳣"字。假借"鳣"字为"鳣"字，这样做已经很久了。

原文

《后汉书》："酷吏樊晔为天水郡守①，凉州为之歌曰：'宁见乳虎穴，不入冀府寺②。'"而江南书本"穴"皆误作"六"。学士因循，迷而不寤。夫虎豹穴居，事之较者③；所以班超云："不探虎穴，安得虎子？"宁当论其六七耶？

注释

①酷吏：滥用刑法的官吏。

②冀府寺：即天水太守官署。

③较：明显。

译文

《后汉书》中记载："酷吏樊晔作天水郡太守的时候，凉州人给他编了首歌谣：'宁见乳虎穴，不入冀府寺。'"江南的书本都将"穴"字误写成"六"字。学者沿用了这个错误，受到迷惑而没觉察。虎豹住在洞穴中，这是很明显的事，所以班超说："不探虎穴，安得虎子?"怎么能去计量（虎仔）是六只还是七只呢?

原文

《后汉书·杨由传》云："风吹削肺[①]。"此是削札牍[②]之柿[③]耳。古者，书误则削之，故《左传》云"削而投之"是也。或即谓"札"为"削"，王褒《童约》曰："书削代牍。"苏竟书云："昔以摩研编削[④]之才。"皆其证也。《诗》云："伐木浒浒[⑤]。"《毛传》云："浒浒，柿貌也。"史家假借为"肝肺"字，俗本因是悉作"脯腊[⑥]"之"脯"，或为"反哺[⑦]"之"哺"。学士因解云："削哺，是屏障之名。"既无证据，亦为妄矣! 此是风角占候[⑧]耳。《风角书》曰[⑨]："庶人风者，拂地扬尘转削[⑩]。"若是屏障，何由可转也?

注释

①削肺：削札牍时削下的碎片。

②札：古代书写用的小而薄的木片。牍：古代写字用的木板。

③柿（fèi）：木屑。

④摩研：切磋研究。编削：指编纂书籍。

⑤浒浒：伐木声。今本《诗经》作"许许"。

⑥脯（fǔ）腊：干肉。

⑦反哺：雏鸟长成，衔食喂养其母。

⑧风角：一门以风占测万事的卜术。占候：根据天象预测天气或福祸。

⑨《风角书》：讲风角占候之书。

⑩削：碎木屑。

译文

　　《后汉书·杨由传》说："风吹削肺。"这个"肺"是削札牍时掉下来的碎木屑。古时候，字写错了就把它刮削掉，所以《左传》说的"削而投之"就是这个意思。也有把"札"叫作"削"的，王褒《童约》说："书削代牍。"苏竟的信中说："昔以摩研编削之才。"都是"札"作"削"的证据。《诗经》说："伐木浒浒。"《毛诗传》解释说："浒浒，木屑掉下来的样子。"史官们用假借之法把"柿"字变成了肝肺的"肺"字，世上流行的版本又据此全都写成了脯腊的"脯"字，或者写作反哺的"哺"字。学者们因此解释"削哺"一词说："削哺，是屏风之名。"这种解释没有证据，只能算是主观臆断了。这里说利用风角之术来占吉凶。《风角书》上说："恶劣的风吹拂地面，扬起尘土，使地上的木屑随风旋转。"如果"削"是指屏风，怎么可能转动呢？

原文

　　《三辅决录》云①："前队大夫范仲公②，盐豉蒜果共一筩。""果"当作"魏颗"之"颗"③。北土通呼物一块，改为一颗，"蒜颗"是俗间常语耳。故陈思王《鹞雀赋》曰："头如果蒜，目似擘椒④。"又《道经》云："合口诵经声璅璅⑤，眼中泪出珠子磥⑥。"其字虽异，其音与义颇同。江南但呼为"蒜符"，不知谓为"颗"。学士相承，读为"裹结"之"裹"，言盐与蒜共一苞裹，内筩中耳。《正史削繁音义》又音"蒜颗"为"苦戈反"⑦，皆失也。

注释

①《三辅决录》：汉代赵岐所撰，全书共七卷。
②前队（suì）大夫：南阳郡太守。王莽时改南阳郡为前队。
③魏颗：春秋时晋国大臣。
④擘（bò）：分开。
⑤璅璅（suǒ）：细碎的声音。
⑥磥（kē）：同"颗"。
⑦《正史削繁音义》：梁朝阮孝绪撰，全书共九十四卷。

译文

　　《三辅决录》中说："前队大夫范仲公，盐豉蒜果共一筩。"（这句中的）"果"字应当是"魏颗"的"颗"字。北方都将一块说成一颗，"蒜颗"是民间常用语。所以陈思王的《鹞雀赋》中说："头如果蒜，目似擘椒。"《道经》中也说："合口诵经声璅璅，眼中泪出珠子磥。""果""颗""磥"这几个字的字形虽然不同，读音和意义却大致相同。江南人都说"蒜符"，不知道称为"颗"。读书人前后沿袭，把"果"字读成"裹结"的"裹"字，解释成把盐和蒜放在同一个包裹里，装进筩里。《正史削繁音义》又给"蒜颗"（的"颗"字）注音为"苦戈反"，都错了啊。

原文

　　有人访吾曰："《魏志》蒋济上书云'弊劷之民^①'，是何字也？"余应之曰："意为'劷'即是'馂倦'之'馂'耳^②。张揖、吕忱并云：'支傍作刀剑之刀，亦是剞字^③。'不知蒋氏自造'支'傍作'筋力'之"力'，或借'剞'字，终当音'九伪反'。"

注释

①蒋济：三国时魏国人，魏明帝时为护军将军，字子通，曾多次上书反对大修官室。劷（guì）：困疲。
②馂（guì）：疲惫。
③剞（jī）：刻镂用的刀。

译文

　　有人拜访我，说："《魏志》中记载蒋济给朝廷上书说'弊劷之民'，（'劷'）是什么字呀？"我回答说："我想'劷'字就是'馂倦'的'馂'字。张揖和吕忱都说：'支字旁加上刀剑的刀，也是'剞'字啊？'不知道蒋济是自己造了这个'支'字旁加'筋力'的'力'（组成的'劷'字），还是假借了'剞'字，这个字终究应该读'九伪反'。"

原文

　　《晋中兴书》^①："太山羊曼^②，常颓纵任侠，饮酒诞节^③，兖州号为'䶍伯'^④。"此字皆无音训^⑤。梁孝元帝常谓吾曰："由来不识。唯张简宪见教^⑥，呼为'噔羹'之'噔'^⑦。自尔便遵承之，亦不知所出。"简宪是湘州刺史张缵谥也，江南号为硕学。案：法盛世代殊近，当是耆老相传^⑧；俗间又有"䶍䶍"语，盖无所不施，无所不容之意也。顾野王《玉篇》误为"黑"傍"沓"^⑨。顾虽博物，犹出简宪、孝元之下，而二人皆云重边。吾所见数本，并无作"黑"者。"重沓"是多饶积厚之意，从"黑"更无义旨。

注释

①《晋中兴书》：南朝宋人何法盛撰写的纪传体史书，记录年代自东晋起，全书共七十八卷。
②太山：泰山。羊曼：字祖延，晋代人，为人放诞，不拘礼法。
③诞节：放纵。
④䶍（tà）伯：放纵豁达的人，文中特指羊曼。
⑤音训：对古籍中的字词注音释义。
⑥张简宪：即张缵，字伯绪，谥简宪。
⑦噔（tà）羹：指吃羹时不咀嚼就吞下。

⑧耆（qí）老：老人。耆，古代六十岁曰耆。

⑨顾野王：南朝陈人，著有《玉篇》。

译文

《晋中兴书》说："泰山人羊曼，平常志气消沉，行为放纵，好饮酒，不拘礼节，兖州人称他'黤伯'。"（"黤"）这个字没有注音也没有注释。梁孝元帝曾经对我说："我向来不认识这个字。只有张简宪曾经教过我，说这个字应读成'噎羹'的'噎'。从那以后我就遵照这个读音，但还是不知道这个说法的由来。"张简宪是湘州刺史张缵的谥号，江南人都称他是大学者。据考证：何法盛生活的年代距离那时很近，很多事应该是听年纪大的人说的；况且民间又有"黤黤"这个词，大概是没什么不能给予，没什么不能容纳的意思。顾野王的《玉篇》中错（将"黤"字）写成"黑"字旁加"沓"字。顾野王虽然博学，但（学识）还是在简宪和孝元帝之下，而他们两人都说这个字应该是"重"字旁。我所见的数个版本，都没有把这个字写成"黑"字旁的。"重沓"是富饶、储备丰厚的意思，要是"黑"字旁就没有意义了。

原文

《古乐府》歌词，先述三子，次及三妇，妇是对舅姑之称。其末章云："丈人且安坐，调弦未遽央①。"古者，子妇供事舅姑，旦夕在侧，与儿女无异，故有此言。"丈人"亦长老之目，今世俗犹呼其祖考为先亡丈人。又疑"丈"当作"大"，北间风俗，妇呼舅为"大人公"。"丈"之与"大"，易为误耳。近代文士，颇作《三妇诗》，乃为匹嫡并耦己之群妻之意②，又加郑卫之辞③，大雅君子，何其谬乎？

注释

①遽（jù）：匆忙。

②匹嫡：缔结婚姻。

③郑卫之辞：淫词艳语。典故出自《汉纪·宣帝纪》："臣闻秦王好淫声，华阳后为之不听郑卫之曲。"

译文

《古乐府》的歌词中，先讲述三个儿子，再讲述三个儿媳妇，妇是相对于公婆而言的称呼。歌词最后一段说："丈人且安坐，调弦未遽央。"古时候，儿媳妇侍奉公婆，早晚都要陪在他们身边，和儿女没有区别，所以才有诗中的这话。"丈人"也是对老年人的称呼，如今民间百姓还称他们死去的祖父为"先亡丈人"。又怀疑"丈"字应该是"大"字，北方的风俗，儿媳妇称公公为"大人公"。"丈"字与"大"字，很容易弄错。近代文人写了很多《三妇诗》，但都（把"妇"字）作为缔结婚姻并匹配众多妻子的意思，又在诗中用了很多淫词艳语，那些高尚雅正的君子，怎么会错到这样程度呢？

原文

> 《古乐府》歌百里奚词曰①："百里奚，五羊皮。忆别时，烹伏雌②，吹廞廖③；今日富贵忘我为！""吹"当作"炊煮"之"炊"。案：蔡邕《月令章句》曰："键，关牡也，所以止扉④，或谓之剡移。"然则当时贫困，并以门牡木作薪炊耳。《声类》作"廞"，又或作"启"⑤。

注释

①百里奚：春秋贤相。本为虞国大夫，晋灭虞时被俘，为秦穆公夫人陪嫁之臣，后出逃至宛，被楚人抓获。秦穆公听说他很贤能，用五张羊皮将他赎回。

②伏雌：母鸡。

③廞廖（yǎn yí）：门闩。

④扉：门扇。

⑤启（diàn）：门闩。

译文

《古乐府》中歌唱百里奚的词说："百里奚，五羊皮。忆别时，烹伏雌，吹廞廖；今日富贵忘我为！""吹"应当是"炊煮"的"炊"字。据考证：蔡邕的《月令章句》中说："键，就是门门，是用来闩门的，也把它叫作剡移。"这就是说那时百里奚生活得贫苦，甚至把门闩当柴火来烧。《声类》写作"廞"字，又写成"启"字。

原文

> 《通俗文》，世间题云"河南服虔字子慎造"①。虔既是汉人，其叙乃引苏林、张揖，苏、张皆是魏人。且郑玄以前，全不解反语②，通俗反音，甚会近俗③。阮孝绪又云"李虔所造"④。河北此书，家藏一本，遂无作李虔者。《晋中经簿》及《七志》，并无其目，竟不得知谁制。然其文义允惬⑤，实是高才。殷仲堪《常用字训》⑥，亦引服虔《俗说》，今复无此书，未知即是《通俗文》，为当有异？近代或更有服虔乎？不能明也。

注释

①服虔：东汉人，字子慎，著有《春秋左氏传解》。

②反语：反切，古代一种注音方法。

③会：符合。

④阮孝绪：南朝梁人，字士宋，著有《七录削繁》。

⑤允惬：妥当。

⑥殷仲堪：东晋人，曾任荆州刺史，著有《常用字训》，已亡佚。

译文

《通俗文》这本书，世间都标注"河南服虔字子慎造"。服虔是汉代人，《通俗文》的《叙》却引用了苏林、张揖等人的话，苏林和张揖都是三国时的魏国人。而且在郑玄所在时代以前，人们根本不懂反切，《通俗文》中的反切注音符合近世注音习惯。阮孝绪又说是"李虔所著"。北方人抄录的这本书，我家就收藏了一本，竟然没有李虔的署名。《晋中经簿》以及《七志》中，都没有关于这本书的条目，竟然不知道谁写了这本书。然而这本书的文辞妥当，作者实在是才华很高的人。殷仲堪的《常用字训》还引用到服虔的《俗说》，现在也没有这本书了，不知这是否就是《通俗文》，或者还有不同之处？近代或许另外有一个叫服虔的人？搞不清啊。

原文

或问："《山海经》，夏禹及益所记，而有长沙、零陵、桂阳、诸暨，如此郡县不少，以为何也？"答曰："史之阙文，为日久矣；加复秦人灭学①，董卓焚书②，典籍错乱，非止于此。譬犹《本草》神农所述，而有豫章、朱崖、赵国、常山、奉高、真定、临淄、冯翊等郡县名，出诸药物；《尔雅》周公所作，而云'张仲孝友'③；仲尼修《春秋》，而《经》书孔丘卒④；《世本》左丘明所书⑤，而有燕王喜、汉高祖；《汲冢琐语》⑥，乃载秦望碑⑦；《仓颉篇》李斯所造，而云'汉兼天下，海内并厕，豨黥韩覆⑧，畔讨灭残'；《列仙传》刘向所造，而《赞》云'七十四人出佛经'；《列女传》亦向所造，其子歆又作《颂》⑨，终于赵悼后⑩，而传有更始韩夫人、明德马后及梁夫人嫕⑪。皆由后人所羼⑫，非本文也。"

注释

①秦人灭学：秦始皇焚书坑儒。

②董卓焚书：东汉末年董卓乱政时曾烧概观阁，毁坏典籍。

③张仲：西周宣王时人。孝友：孝顺父母、与兄弟友爱。

④《经》：文中指《左传》。

⑤《世本》：古代书名。记载黄帝以来至春秋时（后人增补至汉代）列国诸侯大夫的姓氏、世系等。此书唐代已残缺，宋末亡佚。

⑥《汲冢琐语》：古代志怪小说，作者不详。

⑦秦望碑：秦始皇东游秦望山时所立的碑。

⑧豨（xī）：汉人陈豨。黥（qíng）：黥刑，墨刑。韩：韩信。

⑨歆：刘歆，字子骏，后改名秀，字颖叔，西汉经学家，编《七略》。

⑩赵悼后：战国时赵悼襄王赵偃之后。

⑪更始韩夫人：汉更始帝刘玄的宠姬韩夫人。明德马后：东汉光武帝刘秀之后。梁夫人嫕（yì）：汉和帝的姨妹梁嫕。

⑫羼（chàn）：本意为群羊杂居，引申为错乱、掺杂。

译文

　　有人问道：《山海经》这本书，是夏禹和伯夷记录的，但里面却有长沙、零陵、桂阳、诸暨等地名，像这样的郡县名（《山海经》）提到不少，这是怎么回事呢？"我回答说："史书残缺不全，这种情况由来已久；再加上秦朝焚书坑儒，董卓焚书，导致经书典籍错谬杂乱，错误不止这些。譬如《本草》是神农氏所著，而书中却出现了豫章、朱崖、赵国、常山、奉高、真定、临淄、冯翊等郡县名以及那些地方出产的一些药物；《尔雅》是周公所撰，然而书中却说西周人‘张仲孝敬父母，友爱兄弟'；孔子修订《春秋》，而《春秋左氏传》中却写到了孔子去世；《世本》是春秋时左丘明所著，而书中却提到了燕王喜和汉高祖；《汲冢琐语》（战国成书）竟然记载了秦始皇出巡天下时所立的石刻碑文；《仓颉篇》是（秦代）李斯所著，然而书中却说‘汉朝兼并天下，四海之内统一，陈豨被黥，韩信覆亡，讨伐叛乱消灭残兵'；《列仙传》是（西汉）刘向所著，而书中的《赞》中却说‘七十四人出于佛经'；《列女传》也是刘向所著，他的儿子刘歆又为这本书写了《颂》的部分，书中记录截止到战国时赵悼襄王赵偃之后，而且这本书的注本中竟然有了（汉朝）更始帝的宠姬韩夫人、光武帝的马皇后，以及（东汉）梁夫人嫕。这些都是由后人掺杂到书中的内容，并不是书的原文啊。"

原文

　　或问曰："《东宫旧事》何以呼‘鸱尾'为‘祠尾'①？"答曰："张敞者，吴人，不甚稽古②，随宜记注，逐乡俗讹谬③，造作书字耳。吴人呼‘祠祀'为‘鸱祀'，故以‘祠'代‘鸱'字；呼‘绀'为‘禁'④，故以‘系'傍作‘禁'代‘绀'字；呼‘盏'为‘竹简反'，故以‘木'傍作‘展'代‘盏'字；呼‘镬'字为‘霍'字⑤，故以"金'傍作‘霍'代‘镬'字；又‘金'傍作‘患'为‘镮'字⑥，‘木'傍作‘鬼'为‘魁'字，‘火'傍作‘庶'为‘炙'字，‘既'下作‘毛'为‘髻'字；金花则‘金'傍作‘华'，窗扇则‘木'傍作‘扇'：诸如此类，专辄不少⑦。"

注释

①《东宫旧事》：古书名，记录晋太子仪礼风俗之类，久已佚。

②稽古：考察古代的事。

③讹谬（miù）：讹误，错谬。多指文字方面的。

④绀（gàn）：天青色，深青透红之色。

⑤镬（huò）：一种无足鼎，古代炊具。

⑥镮（huán）：环，泛指圆形物。

⑦专辄：文中指专断地判断，没有经过深思熟虑。

译文

有人问道："《东宫旧事》为什么把'鸱尾'称为'祠尾'？"回答说："（《东宫旧事》的作者）张敞是吴郡人，不注重考察古代的事，随意记录史实，随意记录乡间流传的错谬的事情，伪造文字罢了。吴地的人称'祠祀'为'鸱祀'，所以（张敞）用'祠'字代替'鸱'字；把'绀'字读成'禁'字，所以用'系'字旁加'禁'来代替'绀'字；把'盏'读为'竹简反'，因此用'木'字旁加'展'来代替'盏'字；把"镵'字读成'霍'字，因此用'金'字旁加'霍'字来代替'镵'字；又在'金'字旁加'患'造'镮'字，在'木'字旁加'鬼'作为"魁'字，在'火'字旁加'庶'作'炙'字，在'既'字下面加'毛'当作'髻'字；金花则在'金'字旁加'华'字，窗扇的'扇'字则是在'木'字旁加'扇'：就像这样，没有经过深思熟虑的专断判断的内容有不少。"

原文

又问："《东宫旧事》'六色蒯缕①'，是何等物？当作何音？"答曰："案：《说文》云：'菌②，牛藻也，读若"威"。'《音隐》③：'坞瑰反。'即陆机所谓'聚藻，叶如蓬'者也。又郭璞注《三仓》亦云：'蕴，藻之类也，细叶蓬茸生④。'然今水中有此物，一节长数寸，细茸如丝，圆绕可爱，长者二三十节，犹呼为'菌'。又寸断五色丝，横着线股间绳之，以象菌草，用以饰物，即名为'菌'；于时当绁六色蒯⑤，作此菌以饰缥带⑥，张敞因造'系'旁'畏'耳，宜作'隈'。"

注释

①蒯（jì）：一种毡类毛织物。

②菌（jūn）：一种水藻。

③《音隐》：古书名。

④蓬：杂乱、松散。

⑤绁（xiè）：拴，缚。

⑥缥（gǔn）带：用彩色丝织成的丝带。

译文

又问道："《东宫旧事》中提到的'六色蒯缕'是什么东西？应该读成什么音？"回答说："据考证：《说文解字》中说：'菌，就是牛藻，读音为"威"。'《音隐》中注的音是：'坞瑰反。'就是陆机所说的'聚藻，叶子像蓬草一样'的那种植物。再者郭璞注的《三仓》中也说：'蕴是一种藻类，叶子的形状细长，上面长着松散的茸毛。'现在的水中长着这种植物，一节枝茎有几寸长，细细的茸毛像丝一样，随着水流回环缭绕，十分惹人喜爱，长的有二三十节，仍然称为'菌'。另外，将五色丝线截成一寸长，横着加在线股中编成绳子，做成菌草的形状，用来装饰物品，这种丝织物称为'菌'；当时应该是编结六色的丝线，做成萏来装饰丝带，张敞就因此造了'系'字旁加'畏'的字，其实应该是'限'字。"

原文

柏人城东北有一孤山①，古书无载者。唯阚骃《十三州志》以为舜纳于大麓②，即谓此山。其上今犹有尧祠焉；世俗或呼为"宣务山"，或呼为"虚无山"，莫知所出。赵郡士族有李穆叔、季节兄弟、李普济③，亦为学问，并不能定乡邑此山。余尝为赵州佐，共太原王邵读柏人城西门内碑。碑是汉桓帝时柏人县民为县令徐整所立，铭曰："山有罐嵍④，王乔所仙⑤。"方知此"罐嵍"山也。"罐"字遂无所出。"嵍"字依诸字书，即"旄丘"之"旄"也⑥；"旄"字，《字林》一音"亡付反"，今依附俗名，当音"权务"耳。入邺，为魏收说之，收大嘉叹⑦。值其为《赵州庄严寺碑铭》，因云"权务之精"，即用此也。

注释

①柏人城：古代地名。位于今河北省唐山市以西。春秋时为晋国地，战国时属赵国，汉代置县。

②阚（kàn）骃：北魏敦煌人，字玄阴，撰有《十三州志》。

③李穆叔：即李公绪，撰有《典言》《礼质疑》《丧服章句》《古今略纪》《赵纪》《赵语》。季节：李公绪之弟李概。

④罐嵍（quán wù）：即尧山，位于今河北省邢台市隆尧县以西。

⑤王乔：传说中的仙人王子乔。

⑥旄丘：前高后低的山丘。

⑦嘉叹：赞叹。

译文

柏人城东北有一座孤山，古书中没有关于这山的记载。只有阚骃的《十三州志》中认为尧曾经纳舜于大麓，指的就是这座山。这座山上现在还有尧的祠堂；世人有的把这山叫"宣务山"，有的叫"虚无山"，不知道这些名字的由来。赵郡的士大夫中有李穆叔、李季节兄弟和李普济，他们都很有学问，却都不能确定自己家乡这座山的名字由来。我曾经担任赵郡的州佐，和太原人王邵一起读过柏人城西门内的石碑。那碑是汉桓帝时的柏人县百姓为县令徐整立的，上面刻着："县内有䍐敎山，是王乔成仙的地方。"由此才知道"䍐敎"就是这座山的名字。"䍐"字没有出处，"敎"字根据字书记载，就是"旄丘"的"旄"字。"旄"字，《字林》注音为"亡付反"，现在按俗名来叫，应当读作"权务"。我到邺城后，向魏收说起这事，魏收大为赞叹。等他撰写《赵州庄严寺碑铭》时，因而写了"权务之精"，就是用了这个典故。

原文

或问："一夜何故五更？更何所训？"答曰："汉、魏以来，谓为甲夜、乙夜、丙夜、丁夜、戊夜，又云'鼓'，一鼓、二鼓、三鼓、四鼓、五鼓，亦云一更、二更、三更、四更、五更，皆以'五'为节①。《西都赋》亦云：'卫以严更之署。'所以尔者，假令正月建寅②，斗柄③夕则指寅，晓则指午矣；自寅至午，凡历五辰④。冬夏之月，虽复长短参差，然辰间辽阔，盈不过六，缩不至四，进退常在五者之间。更，历也，经也，故曰五更尔。"

注释

①节：节点。

②建寅：夏历以寅月为岁首，称建寅。古代以北斗星斗柄的运转计算月份，斗柄指向十二辰中的寅即为夏历正月。

③斗柄：北斗七星中的第五、第六、第七颗星，即玉衡、开阳、摇光三星组成斗柄。

④五辰：古人用十二地支表示一昼夜的十二个时辰，每个时辰等于现在的两小时。从寅时开始，经卯、辰、巳、午，共五个时辰。

译文

有人问道："一夜为什么分为五更？更字是什么意思？"我回答说："自汉、魏以来，一夜分为甲夜、乙夜、丙夜、丁夜和戊夜；又叫'鼓'，即一鼓、二鼓、三鼓、四鼓和五鼓；还称一更、二更、三更、四更和五更，都是用'五'为节数。《西都赋》也说：'卫以严更之署。'之所以这么分，是因为把正月假定为建寅月，北斗星的斗柄日落时就指向寅星，天亮了就指向午星了；从寅到午，总共经过五个时辰。冬、夏时节尽管白天与黑夜的时间长短不一样，但是时辰间的差距，长不会超过六个时辰，短不少于四个时辰，进退通常在五个时辰之间。更，就是经历、经过的意思，所以一夜分为五更。"

原文

《尔雅》云："术①，山蓟也②。"郭璞注云："今术似蓟而生山中。"案：术叶其体似蓟，近世文士，遂读"蓟"为"筋肉"之"筋"，以耦"地骨"用之③，恐失其义。

注释

①术（zhú）：多年生草本，有白术、苍术等数种。
②山蓟（jì）：术的别名。
③耦：匹敌，相对。地骨：枸杞的别名。

译文

《尔雅》中说："术，就是山蓟。"郭璞注释说："术长得像蓟草，生长在山里。"按语：术叶的形状像蓟草，近代的文人就把"蓟"字读成"筋肉"的"筋"，用来和"地骨"形成对偶，这恐怕不是它本来的意思。

原文

或问："俗名'傀儡子'为'郭秃'①，有故实乎②？"答曰："《风俗通》云：'诸郭皆讳秃。'当是前代人有姓郭而病秃者，滑稽戏调③，故后人为其象，呼为'郭秃'，犹文康象庾亮耳④。"

注释

①傀儡子：傀儡戏。
②故实：出处。
③戏调：诙谐幽默，开玩笑。
④文康：舞乐名，又名《礼毕》。舞蹈中，舞者扮演晋代的庾亮，因为庾亮谥号文康，故名《文康》。

译文

有人问："世人称'傀儡戏'为'郭秃'，有什么出处吗？"回答说："《风俗通》中说：'所有姓郭的人都避讳秃字。'应该是以前有姓郭的人得了秃病，长得滑稽可笑，人们拿他开玩笑，所以后来的人就把木偶做成他的样子，称之为'郭秃'，就好像文康舞模仿庾亮。"

原文

> 　　或问曰："何故名'治狱参军'为'长流'乎^①?"答曰："《帝王世纪》云:'帝少昊崩^②,其神降于长流之山,于祀主秋。'案:《周礼·秋官》,司寇主刑罚、长流之职,汉、魏捕贼掾耳^③。晋、宋以来,始为参军,上属司寇,故取秋帝所居为嘉名焉^④。"

注释

①长流:古代官名,也称治狱参军,司禁防。

②少昊(hào):传说中古代东夷首领。

③掾(yuàn):官府中佐助官吏的通称。

④嘉名:美名。

译文

　　有人问:"为什么称'治狱参军'为'长流'?"回答说:"《帝王世纪》中说:'少昊帝死时,他的灵魂降到长流山,掌管秋天祭祀。'据考证:《周礼·秋官》中有记载,司寇掌管刑罚、长流的职责,也就是汉、魏时期的捕贼掾。晋、宋以来,(朝廷中)开始设参军,向上归属司寇节制,所以用秋帝(少昊)所居住的地名作为它的美称。"

原文

> 　　客有难主人曰:"今之经典,子皆谓非,《说文》所言,子皆云是,然则许慎胜孔子乎?"主人抚掌大笑^①,应之曰:"今之经典皆孔子手迹耶?"客曰:"今之《说文》皆许慎手迹乎?"答曰:"许慎检以六文^②,贯以部分^③,使不得误,误则觉之。孔子存其义而不论其文也。先儒尚得改文从意,何况书写流传耶?必如《左传》'止戈'为'武','反正'为'乏','皿虫'为'蛊','亥'有'二首六身'之类,后人自不得辄改也,安敢以《说文》校其是非哉?且余亦不专以说文为是也,其有援引经传,与今乖者,未之敢从。又相如《封禅书》曰:'导一茎六穗于庖,牺双觡共抵之兽^④。'此'导'训'择',光武诏云'非徒有豫养导择之劳'是也。而《说文》云:'导是禾名。'引《封禅书》为证。无妨自当有禾名导,非相如所用也。'禾一茎六穗于庖',岂成文乎?纵使相如天才鄙拙,强为此语,则下句当云'麟双觡共抵之兽',不得云'牺'也。吾尝笑许纯儒^⑤,不达文章之体,如此之流,不足凭信。大抵服其为书,隐括有条例^⑥,剖析穷根源,郑玄注书,往往引以为证。若不信其说,则冥冥不知一点一画^⑦,有何意焉?"

注释

①拊（fǔ）掌：鼓掌。

②检：检查。六文：六书。

③贯以部分：按部首分类，分别部居。贯，通。

④骼（gé）：骨角。

⑤纯儒：纯粹的学者。

⑥隐括：本意为矫正邪曲的器具，后引申为标准、规范。

⑦冥冥：懵懂无知。

译文

有客人责难我道："（你说）现在流传的经书典籍，文字是错误的，《说文解字》里所说的（对字的解读），你认为是正确的，这样说来难道许慎比孔子还要高明吗？"我拍手大笑，回答道："现在的经典都是孔子的手迹吗？"客人道："现在的《说文解字》都是许慎的手迹吗？"我回答道："许慎依据六书来分析字形、解释字义，将文字按部首分类，使文字的形、音、义都没有错误，一旦有错误就能发现。孔子重视经书典籍的意思而不讲究文字。以前的学者尚且还得改文字以顺从文意，何况又经过了（很多代的）抄写流传？必定如《左传》中的'止戈'为'武'，'反正'为'乏'，'皿虫'为'蛊'，'亥'有'二首六身'这种（说出字体结构的）情况，后人自然无法随意改动，（我）又怎么敢用《说文解字》去考校这种说法的对与错呢？况且我也不认为《说文解字》是完全正确的，书中引用的典籍原文，如果与现在通行的有出入，我也不敢盲目依从。例如司马相如的《封禅书》中说：'导一茎六穗于庖，牺双骼共抵之兽。'这里的'导'解释成"择"，汉光武帝的诏书中说的'非徒有豫养导择之劳'中的'导'也是这种。而《说文解字》中却说：'导是一种禾的名字。'引用《封禅书》作为例证。或许真的有一种禾名叫'导'，但那并不是司马相如（《封禅书》中）所用的'导'。（如果照许慎的解释，那么）'禾一茎六穗于庖'，岂能讲得通？纵然是司马相如天生粗鄙笨拙，生硬地写出这种句子，那么下句就应该写成'麟双骼共抵之兽'，而不会说'牺（双骼共抵之兽）'了啊。我曾笑话许慎是个纯粹的学者，不懂得文章的体例和风格，像这一类的（例证），就不足以信赖了。我大体还是信这本书（《说文解字》），书中（对字的分类）有明确的体例，通过分析（字的形体）来探求（字的）本源，郑玄注释经书时，往往（用《说文解字》）作为论据。如果不相信许慎的学说，就会不懂字的一点一画，这样（即使读经书典籍）又有什么意义呢？"

原文

> 世间小学者，不通古今，必依小篆，是正书记①；凡《尔雅》《三仓》《说文》，岂能悉得仓颉本指哉②！亦是随代损益，互有同异。西晋已往字书，何可全非？但令体例成就，不为专辄耳。考校是非，特须消息③。至如"仲尼居"，三字之中，两字非体。《三仓》"尼"旁益"丘"，《说文》"尸"

下施"几"。如此之类，何由可从？古无二字④，又多假借，以"中"为"仲"，以"说"为"悦"，以"召"为"邵"，以"閒"为"闲"，如此之徒，亦不劳改。自有讹谬，过成鄙俗，"乱"旁为"舌"，"揖"下无"耳"，"鼋""鼍"从"龟"，"奋""夺"从"萑"⑤，"席"中加"带"，"恶"上安"西"，"鼓"外设"皮"，"鑿"头生"毁"，"离"则配"禹"，"壑"乃施"豁"，"巫"混"经"旁，"皋"分"泽"片，"猎"化为"獦"⑥，"宠"变成"竉"⑦，"业"左益"片"，"灵"底着"器"，"率"字自有"律"音，强改为别，"单"字自有"善"音，辄析成异。如此之类，不可不治。吾昔初看《说文》，蚩薄世字⑧，从正则惧人不识，随俗则意嫌其非，略是不得下笔也。所见渐广，更知通变，救前之执，将欲半焉。

若文章著述，犹择微相影响者行之⑨，官曹文书，世间尺牍⑩，幸不违俗也。

注释

①是正：校正。书记：书本。

②本指：原意。

③消息：斟酌。

④二字：一个字有两种形体，两种写法。

⑤萑（guàn）：水鸟名。

⑥獦（liè）：打猎。

⑦竉（lǒng）：孔，洞。

⑧蚩（chī）薄：讥嘲鄙薄。蚩，通"嗤"，嘲笑。

⑨微相影响：稍微近似。

⑩尺牍：书信。

译文

世上研究字的学者，不明白古今字体的演变规则，必定根据小篆的字形来校正现在的字；只是《尔雅》《三仓》《说文解字》，哪能尽得仓颉（造字）的本意啊！而且这些字书也会随着时代发展而变化，相互之间变得有同有异。西晋以前的字书，怎么可以全部否定呢？只要（书中的）体例完备、自成系统，而不是任由后人随意发挥就可以了。考证、校订（书中文字的）对错，特别需要仔细斟酌。如"仲尼居"，这三个字中，就有两个字不合正体。《三仓》中的"尼"字旁边多了"丘"字，《说文解字》中的"尼"字是在"尸"字下加了"几"字。像这样的情况，怎么能依从呢？古代没有一个字有两种形体的情况，又有很多假借的现象，把"中"字假借为"仲"字，把"说"字假借为"悦"字，把"召"字假借为"邵"字，把"閒"字假借为"闲"字，像这种情况的字，也不用更改。自然有错误的（字），这些错误形成了鄙陋的习俗，如将"乱"字的偏旁写成"舌"，"揖"字下面没有"耳"，将"鼋"字、"鼍"字写成"龟"字旁，将"奋"字、"夺"字写成"萑"字旁，在"席"字中加"带"，在"恶"字上加"西"，在"鼓"字外面加"皮"，将"鼕"字顶部写成"毁"，将"离"字配上"禹"，"鼕"字居然加"嚣"，将"巫"字和"经"字的部首混淆，将"皋"字写成"泽"字的半边，将"猎"字变成"獦"字，将"宠"字变成"寵"字，将"业"字左边加了"片"，将"灵"字底下添了"器"，"率"字本来就有"律"的读音，非要改成别的字，"单"字本来就有"善"的读音，被读成别的读音。像这样的，不能不改。过去我初读《说文解字》时，很瞧不起这些通行的（错）字，按照正体字来书写又怕别人不认识，顺应时俗（将字写错）又心里厌恶，不用（这些字）又无法下笔啊。随着见识越来越多，才懂得变通，纠正以前（写字时）的过分拘泥，打算取二者之中。要是写文章，就选择稍微相近的字来写，要是写政府公文，还有给别人写的信，就不能违背世俗了。

原文

案：弥亘字从二间舟[①]。《诗》云"亘之秬秠"，是也[②]。今之隶书，转"舟"为"日"；而何法盛《中兴书》乃以"舟"在"二"间为舟"航"字，谬也。《春秋说》以"人十四心"为"德"，《诗说》以"二在天下"为"酉"，《汉书》以"货泉"为"白水真人"[③]，《新论》以"金昆"为"银"[④]，《国志》以"天上有口"为"吴"[⑤]，《晋书》以"黄头小人"为"恭"[⑥]，《宋书》以"召刀"为"邵"[⑦]，《参同契》以"人负告"为"造"[⑧]。如此之例，盖数术谬语，假借依附，杂以戏笑耳。如犹转"贡"字为"项"，以"叱"为"匕"，安可用此定文字音读乎？潘、陆诸子《离合诗》《赋》《栻卜》《破字经》[⑨]，及鲍照《谜字》[⑩]，皆取会流俗，不足以形声论之也。

注释

①亘（gèn）：假借为"亘"字。

②秬秠（jù pī）：秬是黑黍的大名，秠是黑黍中一稃二米者。

③白水真人：汉代钱币"货泉"的别称。

④金昆：银子。"银"字的繁体字拆开为"金""艮"，"艮"近"昆"，故称"金昆"。

⑤《国志》：《三国志》。

⑥黄头小人：隐语，指"恭"字。典故出自《宋书·五行志二》："王恭在京口，民间忽云：'黄头小人欲作贼，阿公在城下，指缚得。'又云：'黄头小人欲作乱，赖得金刀作蕃扞。''黄'字上，'恭'字头也。'小人'，'恭'字下也。"

⑦召刀：隐语，指"劭"字。典故出自《南史·列传第四》："初命之曰劭，在文为召刀，后恶焉，改刀为力。"

⑧《参同契》：即《周易参同契》，道教早期经典。

⑨《离合诗》：杂体诗名，后发展为文字游戏。常见之一是拆开字形合成诗句。栻（shì）：古代占卜时日的器具，后称星盘。破字：即拆字。以汉字加减笔画，拆开偏旁或打乱字体结构，加以附

会，以推算吉凶。

⑩《谜字》：即《字谜》，鲍照所作。

译文

据考证："弥亘"的"亘"字从属于"二"字中加"舟"字。《诗经》"亘之秬秠"，其中的"亘"就是这个字。现在的隶书，把"二"字中间的"舟"字变成了"日"字；而何法盛的《晋中兴书》中居然认为"舟"字加在"二"字中间所组成的字是"航"字，错得离谱啊。《春秋说》中以"人十四心"作为"德"字，《诗说》中以"二在天下"作为"酉"字，《汉书》中将"货泉"称为"白水真人"，《新论》中以"金昆"指"银"字，《三国志》中以"天上有口"指"吴"字，《晋书》中以"黄头小人"指"恭"字，《宋书》中以"召刀"指"劭"字，《周易参同契》中以"人负告"指"造"字。这样的例子，都是荒谬的说法，假借别的字来牵强附会，混杂乱说用来游戏取乐啊。就好像把"贡"字变成"项"字，把"叱"字当成"匕"字，怎么可以根据这些说法来确定字的读音啊？潘岳、陆机等人写的《离合诗》《赋》《栻卜》《破字经》，以及鲍照写的《谜字》，都是附和社会习俗的（作品），不配用形声造字的理论评价啊。

原文

河间邢芳语吾云："《贾谊传》云：'日中必熭①。'注：'熭，暴也。'曾见人解云：'此是暴疾之意，正言日中不须臾，卒然便昃耳②。'此释为当乎？"吾谓邢曰："此语本出太公《六韬》，案字书，古者'暴晒'字与'暴疾'字相似③，唯下少异，后人专辄加傍'日'耳。言日中时，必须曝晒，不尔者，失其时也。晋灼已有详释④。"芳笑服而退。

注释

①熭（wèi）：晒干，烤干。

②昃（zè）：指日西斜。

③暴："暴"的异体字。

④晋灼：晋代尚书郎，著有《汉书音义》。

译文

河间人邢芳对我说："《汉书·贾谊传》里说：'日中必熭。'注释中说：'熭，就是暴的意思。'我曾经见到别人解释说：'这是迅猛的意思，是说正午的时间短，太阳快要西斜。'这个说法合适吗？"我对邢芳说："这句话出自姜太公的《六韬》，考证字书（中的说法），古时候'暴晒'的'暴'字和'暴疾'的'暴'字形体相似，只有下半部分有少许不同，后世的人擅自给'暴'字加了'日'字旁。这句话是说太阳正午时，要将物品暴晒，不这样，就错过了适宜的时间。晋灼对此已经有详细的解释。"邢芳心悦诚服地回去了。

阎若璩读书千百遍

清初学者阎若璩虽然出生在书香世家，可是他不仅天生体弱多病，而且有口吃的毛病，并且秉性愚钝，从小就不如其他孩子聪明。每次他和小朋友们一起读书，别人家的孩子读两遍就能明白书中讲的含义了，但是到了他那里，即便读了几百遍，也不明白文章的意思。尽管如此，幼年的阎若璩读书时仍然非常用功，既然一遍不懂，就多读几遍，甚至可以达到篇篇文章都要念诵千百回，直到把它记熟、背会。母亲看到原本就身体羸弱的儿子，整天还如此卖力读书，心疼不已。

这天，就在阎若璩读书到很晚的时候，母亲走进他的书房，对他说："孩子，别再背书了，快去休息吧，否则会累病的。"孝顺的阎若璩听到后，连忙说："好的，母亲，我这就睡觉。"可待母亲睡后，他又开始默默地背起书来，只是不敢出声音，担心母亲听到后又担心自己的身体。不仅如此，阎若璩读书时还喜欢把书拆散，每背一篇文章，就把那页书粘起来，等都背熟以后就把书烧掉，永远不再读了。这样可以迫使他把书中的内容记得很牢。

就是凭着这样的苦功夫，天资愚钝的阎若璩用水滴石穿的毅力熟读经史子集。传说，当他十五岁的时候，心智突然开朗，好像顿悟了一般。从此之后读书便过目不忘了。终于，阎若璩成了一位有名的学者。

音辞第十八

原文

　　夫九州之人，言语不同，生民已来，固常然矣。自《春秋》标齐言之传，《离骚》目楚词之经，此盖其较明之初也。后有扬雄著《方言》，其言大备。然皆考名物之同异，不显声读之是非也。逮①郑玄注"六经"，高诱解《吕览》《淮南》，许慎造《说文》，刘熹制《释名》，始有譬况假借以证音字耳。而古语与今殊别，其间轻重清浊，犹未可晓；加以内言外言、急言徐言、读若之类，益使人疑。孙叔言创《尔雅音义》，是汉末人独知反语。至于魏世，此事大行②。高贵乡公不解反语，以为怪异。自兹厥后，音韵锋出，各有土风③，递相非笑④，指马⑤之谕，未知孰是。共以帝王都邑，参校方俗，考核古今，为之折衷。摧而量之，独金陵与洛下耳。南方水土和柔，其音清举而切诣，失在浮浅，其辞多鄙俗。北方山川深厚，其音沉浊而鈋钝⑥，得其质直，其辞多古语。然冠冕君子，南方为优；闾里小人，北方为愈。易服而与之谈，南方士庶，数言可辩；隔垣⑦而听其语，北方朝野，终日难分。而南染吴、越，北杂夷虏，皆有深弊，不可具论。其谬失轻微者，则南人以"钱"为"涎"，以"石"为"射"，以"贱"为"羡"，以"是"为"舐"；北人以"庶"为"戍"，以"如"为"儒"，以"紫"为"姊"，以"洽"为"狎"。如此之例，两失甚多。至邺已来，唯见崔子约、崔瞻叔侄，李祖仁、李蔚兄弟，颇事言词，少为切正⑧。李季节著《音韵决疑》，时有错失；阳休之造《切韵》，殊为疏野。吾家儿女，虽在孩稚，便渐督正之；一言讹替⑨，以为己罪矣。云为品物，未考书记者，不敢辄名，汝曹所知也。

注释

①逮：到。

②大行：广泛流行。

③土风：方言土语。

④非笑：讥笑，嘲笑。

⑤指马：指称争辩是非。战国时名家公孙龙提出"物莫非指，而指非指""白马非马"等命题。

⑥铔（é）钝：浑厚，不尖锐。

⑦垣：墙。

⑧切正：切磋相正。

⑨讹替：谬误，差错。

译文

　　全国各地的人，语言不同，自从有了人以来，就是如此。《春秋》记明齐地语言，《离骚》被视为楚地语词的经典，这也许是明确方言差异的最初的说法。而后扬雄著《方言》，这方面的论述就非常详细了。然而这些书都是考证事物名称的异同，并没有说明读音是否正确。直到郑玄注释"六经"，高诱注解《吕氏春秋》《淮南子》，许慎著《说文解字》，刘熹著《释名》，才开始用发音相同或者发音相近的方法来标明读音。但是古音与今音有区别，其中语音的轻重、清浊还未能了解，再加上他们用内言外言、急言徐言，读若之类的注音方式，更使人疑惑不解。孙叔言著《尔雅音义》，他是汉末人唯一懂得用反切注音法的。到了曹魏时期，这种反切注音法大为盛行。高贵乡公不懂得这种反切注音法，认为这种反切注音怪异离奇。从这以后，韵书层出不穷，这些书各自记录各地的方言，互相取笑，不知晓谁是谁非。后来大家都用帝王都城的语音，参考比较各地方言，考核古今语音，采取一个折中的方式。经过斟酌和权衡，只有建康音和洛阳音可取。南方水土柔和，语音清亮悠扬而发音急切，不足之处在发音浅浮，言语多鄙陋粗俗。北方的山河深邃浑厚，语音低沉浊重而迟缓，言辞朴实正直，保留了很多古语。然而就士大夫的言谈水平来说，南方优于北方；而

市井平民说话，则北方胜过南方。如果两个阶层交换了服装然后再让他们交谈，南方的士大夫和平民，只听他们说两句话就能分辨出他们的身份；若是隔着墙听北方的士大夫和平民交谈，听一天也难以区分出来。南方语言受到吴语、越语的影响，北方语言夹杂着外族语言，二者都存在着很大的弊端，这里不能一一详细列举。它们中错误差失较轻的例子，则如南方人把"钱"读作"涎"，把"石"读作"射"，把"贱"读作"羡"，把"是"读作"舓"；北方人把"庶"读作"戍"，把"如"读作"儒"，把"紫"读作"姊"，把"洽"读作"狎"。像这些例子，两者的差失都很多。我到邺都以来，只知道崔子约、崔瞻叔侄二人，李祖仁、李蔚兄弟俩对语言略有研究，可以做些切磋补正。李季节写的《音韵决疑》，常出现差错或者不当之处；阳休之写的《切韵》，特别粗略草率。我家的儿女，即使还在幼儿时期，我也已经开始在这方面对他们进行矫正。孩子一个字有讹误差失，我都把它视为自己的罪过。某种器物，没有经过考证有关书籍，就不敢随便称呼，这些都是你们应该知道的。

原文

　　古今言语，时俗不同；著述之人，楚、夏①各异。《苍颉训诂》反"稗"为"逋卖"，反"娃"为"於乖"。《战国策》音"刿"为"兔"，《穆天子传》音"谏"为"间"；《说文》音"戞"为"棘"，读"皿"为"猛"；《字林》音"看"为"口甘反"，音"伸"为"辛"。《韵集》以"成""仍""宏""登"合成两韵，"为""奇""益""石"分作四章；李登《声类》以"系"音"羿"，刘昌宗《周官音》读"乘"若"承"。此例甚广，必须考校。前世反语，又多不切。徐仙民《毛诗音》反"骤"为"在遘"，《左传音》切"椽"为"徒缘"，不可依信，亦为众矣。今之学士，语亦不正，古独何人，必应随其讹僻乎？《通俗文》曰："入室求曰搜。"反为"兄侯"。然则"兄"当音"所荣反"。今北俗通行此音，亦古语之不可用者。玙璠②，鲁人宝玉，当音"余烦"，江南皆音"藩屏"之"藩"。"岐"山当音为"奇"，江南皆呼为"神祇"之"祇"。江陵陷没，此音被于关中，不知二者何所承案③。以吾浅学，未之前闻也。

注释

①楚、夏：泛指南方、北方地区。楚：春秋战国时的楚国地域。夏：黄河流域的中原地区。

②玙璠（yú fán）：美玉。

③承案：依据，出处。

译文

　　古代和今天的语言，因为时俗的变化而有所不同。写文章的人，因为地处南、北而在语音上表现出差异。《苍颉训诂》一书，把"稗"的反切音注为"逋卖"，把"娃"的反切音注为"於乖"；《战国策》把"刿"注音为"兔"，《穆天子传》把"谏"注音为"间"；

《说文解字》把"夏"注音为"棘"，把"皿"读为"猛"；《字林》把"看"注音为"口甘反"，把"伸"注音为"辛"。《韵集》把"成""仍"和"宏""登"分别合成两个韵，把"为""奇""益""石"分成四个韵；李登的《声类》用"系"为"羿"注音，刘昌宗的《周官音》把"乘"读作"承"。这类例子很多，必须对它们进行考校。前代人标注的反切音，有很多都是不恰当的。徐仙民的《毛诗音》把"骤"的反切音注为"在遘"，《左传音》把"椽"的反切音注为"徒缘"，那是不可信的，这种情况也是很多的了。今天的学者，注的音也有不正确的，古人难道有什么特殊的地方，一定要依随他们的谬误呢?《通俗文》上说："入室求曰搜。"作者把"搜"的反切音注为"兄侯"。如果这样，那么"兄"应当发音为"所荣反"。现在北方的习惯就通行这个音，这也是古代言语中不可沿用的。玙璠，是鲁国人的宝玉，应当发音为"余烦"，江南地区的人都把这个字发音为"藩屏"的"藩"。"岐山"的"岐"应当发音为"奇"，江南地区都把它呼为"神祇"的"祇"。江陵陷落后，这两个音就流行于关中，不知道是根据什么语音来的。因为我学识浅薄，还没有听说过。

原文

北人之音，多以"举""莒"为"矩"，唯李季节云："齐桓公与管仲于台上谋伐莒，东郭牙望见桓公口开而不闭，故知所言者莒也。然则莒、矩必不同呼①。"此为知音矣。

注释

①呼：音韵学名词。汉语发音时依据口、唇的形态将韵母分为开口呼、齐齿呼、合口呼、撮口呼四类，合称四呼。

译文

北方人的语音，多将"举""莒"读成"矩"，只有李季节说过："齐桓公与管仲在台上商议讨伐莒国的事，东郭牙远远望见桓公的嘴张开而合不上，因此就知道他们谈论的正是莒国。这样看来，'莒''矩'二字的读音肯定不同。"这才是懂音韵的人。

原文

夫物体自有精粗，精粗谓之好恶①；人心有所去取，去取谓之好恶②。此音见于葛洪、徐邈。而河北学士读《尚书》云好生恶杀。是为一论物体，一就人情，殊不通矣。

注释

①好恶（è）：好和坏的意思。

②好恶（wù）：喜爱和讨厌的意思。

译文

物体本身有精细、粗糙的区别，精细的被称作好，粗糙的被称作恶；人对事物有所取舍，这种取舍就被称作好或恶。后一种好恶的读音始于葛洪、徐邈。而北方地区的学者读《尚书》时却将"好（hào）生恶（wù）杀"读作"好（hǎo）生恶（è）杀"。一种是评价事物好坏的读音，一种是表达人的喜好的读音，两者混为一谈根本说不通。

原文

甫者，男子之美称，古书多假借为父字；北人遂无一人呼为甫者，亦所未喻。唯管仲、范增①之号，须依字读耳。

注释

①管仲：春秋时期政治家，辅佐齐桓公成其霸业，齐桓公尊称他为仲父。范增是秦末政治家，辅佐项羽，项羽尊称他为亚父。

译文

"甫"，对男子的美称，古书多通假为"父"字；北方人竟然没有一个人将"父"读作"甫"的，这是因为他们不明白二者的通假关系。管仲号仲父，范增号亚父，只有像这种情况，"父"字应该依本字而读。

原文

案：诸字书，焉者鸟名，或云语词，皆音"于愆反"。自葛洪《要用字苑》分焉字音训：若训"何"训"安"，当音"于愆反"，"于焉逍遥""于焉嘉客""焉用佞""焉得仁"之类是也；若送句及助词，当音"矣愆反"，"故称龙焉""故称血焉""有民人焉""有社稷焉""托始焉尔""晋、郑焉依"之类是也。江南至今行此分别，昭然易晓；而河北混同一音，虽依古读，不可行于今也。

译文

据考证：各字书将"焉"释为鸟名，也有说是虚词的，反切音都注音为"于愆"。自葛洪著《要用字苑》以来，才开始区分"焉"字的读音和字义。假如解释为"何""安"，就应当读作"于愆反"，"于焉逍遥""于焉嘉客""焉用佞""焉得仁"之类的句子就是如此；如果"焉"字是用作句尾语气词或者结构助词，就应该读作"矣愆反"，"故称龙焉""故称血焉""有民人焉""有社稷焉""托始焉尔""晋、郑焉依"之类的句子就是这样。江南地区至今流行这两种不同的读音，其意思就非常容易明白；而河北地区把两种读音混成一个读音，虽然这是遵从古音，却在今天不能通用。

原文

邪者，未定之词。《左传》曰："不知天之弃鲁邪？抑鲁君有罪于鬼神邪？"[1]《庄子》云："天邪地邪？"[2]《汉书》云："是邪非邪？"[3]之类是也。而北人即呼为也，亦为误矣。难者曰："《系辞》云：'乾坤，易之门户邪？'此又为未定辞乎？"答曰："何为不尔！上先标问，下方列德以折之耳。"

注释

①《左传》句：意思是说，不知是上天抛弃鲁国，还是鲁君得罪了鬼神呢？出自《左传·昭公二十六年》。
②天邪地邪：是天呢，还是地呢？
③是邪非邪：是对呢，还是不对呢？
④折：判断，判定。

译文

邪，是表示疑问的词。《左传》中说："不知天之弃鲁邪？抑鲁君有罪于鬼神邪？"庄

子说："天邪地邪？"《汉书》说："是邪非邪？"这些句中的"邪"字就是这种用法。而北方人把"邪"字读作"也"，这就不对了。有人反问我说："《系辞》说：'乾坤，易之门户邪？'这个'邪'字也是疑问语气词吗？"我回答说："怎么不是呢？前面先提出问题，后面陈述阴阳之德的道理来做判断啊。"

原文

江南学士读《左传》，口相传述，自为凡例①，军自败曰败，打败人军曰败。诸记传未见"补迈反"，徐仙民读《左传》，唯一处有此音，又不言自败、败人之别，此为穿凿耳。

注释

①凡例：通例，章法。

译文

江南地区的学者读《左传》，是靠口授互相传述，自定音读章法，军队自己溃败说"败"（蒲迈反），打败敌国军队说"败"（补迈反）。各种流传本中都没有见过"补迈反"这个注音。徐仙民读的《左传》，只有一处注了这个读音，并没有说明是自败还是打败别人，这显然有些牵强附会了。

原文

古人云："膏粱①难整。"以其为骄奢自足，不能克励也。吾见王侯外戚，语多不正，亦由内染贱保傅，外无良师友故耳。梁世有一侯，尝对元帝饮谑②，自陈"痴钝"，乃成"飔③段"，元帝答之云："飔异凉风，段非干木。"谓"郢州"为"永州"，元帝启报简文，简文云："庚辰吴入，遂成司隶。"如此之类，举口皆然。元帝手教诸子侍读，以此为戒。

注释

①膏粱：肥肉和细粮，泛指美味的饭菜。这里指富贵生活。

②饮谑：饮酒，戏谑。

③飔（sī）：凉风。

古人说："整天享用丰盛食物的人家难以整顿，他们的品德很少有端正的。"这是因为他们骄横奢侈，自我满足，不能克制私欲，不能勉励自己的原因。我见那些王公贵族，说话发音大多不纯正，这也是他们在内受到下贱保傅的熏染，在外没有良师益友的原因。梁朝有一位被封为侯爵的人，曾经和梁元帝一起饮酒时开玩笑，他自称"痴钝"，却把这两个字念成"飚段"。元帝回答他说："按照你的读法，'飚'不是凉风，'段'也不是段干木了。"那侯爵又把"郢州"读成"永州"。元帝把这件事告诉简文帝，简文帝说："庚辰日吴人入楚郢都的'郢'却成了后汉司隶校尉鲍永的'永'。"诸如此类发音不标准的例子，那些王公贵族张口就是。元帝亲自教导那些公子读书时，就将这些例子讲给他们，作为对他们的告诫。

颜氏家训

河北切"攻"字为"古琼"，与"工""公""功"三字不同，殊为僻①也。比世有人名"暹"，自称为"纤"；名"琨"，自称为"衮"；名"洸"，自称为"汪"，名"籥"，自称为"鸹"。非唯音韵舛错，亦使其儿孙避讳纷纭②矣。

①僻：差错。
②纷纭：盛多、杂乱的样子。

河北地区的人反切"攻"字为"古琼"，与"工""公""功"三字读音不同，这是非

常错误的。近代有人名叫"暹"，他自己将"暹"读成"纤"；有人名叫"琨"，他自己将"琨"读成"衮"；有人名叫"洸"，他自己将"洸"读作"汪"；有人名叫"麴"，他自己将"麴"读成"獢"。这样不但在音韵上有错误，也使后代子孙的避讳变得纷繁复杂了。

典故品读

剜肝以为纸，沥血以书辞

唐朝中期的青年诗人李贺一直不被朝廷重用，精神上苦闷抑郁，便把全部精力放在诗歌的创作上。李贺作诗，通常不是先定题目，而是注重实地考察，积累资料。他经常带着一名书童，骑着一匹弱马，一面在郊外慢慢地闲走，一面即景吟咏。遇到好的题材，随即写成诗句，放进锦绣书囊，回家以后，再将书囊中的诗句整理成篇。他作诗非常刻苦、认真，每夜都睡得很晚，他曾说："长歌破衣襟，短歌断白发。"意思是说：他为了写一首长诗，衣襟都磨破了；为了写一首短诗，白发弄断了许多根。李贺身体很弱，母亲很心疼他，所以每天李贺回家，母亲便让婢女查看他的书囊，如果发现里面写的诗句太多，就生气地说："你这孩子，要把心呕出来才罢休吗？"

李贺由于写诗过于劳累，再加上怀才不遇，心境不好，只活了二十六岁就去世了。他留下的二百四十首诗歌，可谓佳作迭出。

韩愈曾写过这样两句诗："剜肝以为纸，沥血以书辞。"意思是说：把肝剖出来作为纸，让血滴出来作为墨水，来书写文章。

断齑画粥

范仲淹是宋代著名的政治家。范仲淹一生仕途坎坷，几起几落。西夏反叛时，范仲淹重新被起用，他主动请求，到战乱频发的延州任职。到任后他大阅州兵，加紧操练，积极防御，使两族人民安居乐业。此后相当长一段时间，对陕西方面的战略，朝廷大都采纳范仲淹的主张。

范仲淹的名言是："先天下之忧而忧，后天下之乐而乐。"他为京官时，许多人向他求教"六经"，特别是《易》学方面的问题。他时常把俸禄拿出来周济四方游士，而自己的家属有时则不能温饱。

范仲淹一生的业绩是与他从小勤奋学习密切相关的。小时候，他家境清贫，可他住在庙里读书，昼夜不息。在严冬季节，有时读书实在读得疲乏了，便以冷水浇面，头脑清醒后再读下去，日常生活十分艰苦，每日总是以两升小米煮粥，隔夜后粥凝固了，范仲淹便用刀将粥一切为四，早晚各吃两块，再切一些腌菜佐食，这就是"断齑画粥"这一成语的来历。

杂艺第十九

真草①书迹，微须留意。江南谚云："尺牍书疏②，千里面目也。"承晋、宋余俗，相与事之，故无顿狼狈者。吾幼承门业，加性爱重，所见法书亦多，而玩习功夫颇至，遂不能佳者，良由无分故也。然而此艺不须过精。夫巧者劳而智者忧，常为人所役使，更觉为累；韦仲将③遗戒，深有以也。

注释

①真草：楷书和草书。

②尺牍：书信，在使用纸以前我国用木简写信，通常一尺长，所以叫"尺牍"。书疏：书信。疏：分条陈达的意思。

③韦仲将：三国曹魏时书法家韦诞，字仲将。魏明帝盖了宫殿，叫他用梯子爬上去在殿榜上题字，他吓得头发都白了，并告诫儿孙不要再成为书法家。

译文

对于楷书、草书等书法，是要加以留意的。江南谚语说："咫尺书信，见字如同见面。"今人继承了两晋、刘宋以来的风气，注重学习书法，所以在这方面不会觉得为难。我小时候继承家传的学业，再加上自己生性喜欢书法，见到的书法范帖很多，也在赏玩研习上下了很大工夫，但终究不见书法水平有所提高，这也许是我没有这方面的天分吧。然而这门技艺也没必要学得过精。因为巧者多劳，智者多忧，一旦常常受人支使差遣，你就会觉得精通书法是一种负担了。韦仲将告诫儿孙千万不要学书法，还确实是有道理的。

原文

王逸少①风流才士，萧散名人，举世惟知其书，翻以能自蔽也。萧子云②每叹曰："吾著《齐书》，勒成一典，文章弘义，自谓可观；唯以笔迹得名，亦异事也。"王褒地胄清华，才学优敏，后虽入关，亦被礼遇。犹以书工，崎岖碑碣之间，辛苦笔砚之役，尝悔恨曰："假使吾不知书，可不至今日邪？"以此观之，慎勿以书自命。虽然，厮猥之人，以能书拔擢者多矣。故道不同不相为谋也。

注释

①王逸少：指王羲之。

②萧子云：字景乔，南朝梁史学家、书法家、文学家。

译文

王羲之是位风流才子，他潇洒散淡，谁都知道他的书法，反而将他的其他方面的特长掩盖了。萧子云时常感叹说："我撰写了《齐书》，刻印成一部典籍，书中文章弘扬大义，我认为很值得一读，到头来却只是由于抄写得精妙，靠书法出了名，也算是怪事了。"王褒出身高贵，才华横溢，文思敏捷，到了北周后，他依然受到礼遇。由于他擅长书法，因此便常常给人书写，奔波在碑碣之间，辛辛苦苦给人写字。他曾后悔地说："如果我不会书法，也许就不会像今天这样劳碌了吧？"因此，千万不可以精通书法而自命不凡。话虽然这样说，地位低下的人，因写得一手好字而被提拔的事例也不少。所以说，道业不同的人是不能谋划到一起的。

原文

梁氏秘阁①散逸以来，吾见二王真草多矣，家中尝得十卷；方知陶隐居、阮交州、萧祭酒诸书，莫不得羲之之体，故是书之渊源。萧晚节所变，乃右军年少时法也。

注释

①秘阁：宫中藏书之地。

译文

梁武帝秘阁珍藏的图书典籍散失以后，我见到了很多王羲之、王献之的楷书、草书作品，家里也曾收藏十卷。看了这些作品，才知道陶弘景、阮研、萧子云等人的字，都是学的王羲之的字体，可以说王羲之的字应是书法的渊源。萧子云晚年时的字有所变化，转向王羲之年轻时所写的书体。

原文

晋、宋以来，多能书者。故其时俗，递相染尚，所有部帙，楷正可观，不无俗字，非为大损。至梁天监之间，斯风未变；大同之末，讹替①滋生。萧子云改易字体，邵陵王颇行伪字②；朝野翕然③，以为楷式，画虎不成，多所伤败。至为一字，唯见数点，或妄斟酌，逐便转移。尔后坟籍④，略不可看。北朝丧乱之余，书迹鄙陋，加以专辄造字，猥拙甚于江南。乃以"百""念"为"忧"，"言""反"为"变"，"不""用"为"罢"，"追""来"为"归"，"更""生"为"苏"，"先""人"为"老"，如此非一，遍满经传。唯有姚元标工于楷隶，留心小学，后生师之者众。泊于齐末，秘书缮写，贤于往日多矣。

注释

①讹替：错别字。讹：错字。替：别字。

②伪字：指不规范的字。

③翕（xī）然：一致的样子。

④坟籍：文献典籍。

译文

两晋、刘宋以来，有很多通晓书法的人。在当时形成了一种风气，流传中相互产生了

影响，所有的书籍文献都写得端正好看。尽管其中难免也会出现个别俗体字，但影响不大。这种风气一直到梁武帝天监年间。到了大同末年，异体错讹之字逐渐产生并大量出现。萧子云改变字的形体，邵陵王常使用错别字；朝野上下都跟风效仿，如此画虎不成反类犬，造成很严重的损害。有的将一个字简化成只有几个点，有的将字体任意安排，任意改变偏旁的位置。从此以后的文献典籍几乎没法看了。北朝在经历了长期的兵荒马乱以后，书写字迹鄙陋不堪，再加上擅自造字，字体比江南的还要粗俗拙劣。甚至出现将"百""念"两字组合替代"忧"字，"言""反"两字相组合替代"变"字，"不""用"两字组合替代"罢"字，"追""来"两字组合替代"归"字，"更""生"两字组合替代"苏"字，"先""人"两字组合替代"老"字。像这样的情况并不是个别的，而是经书典籍中有很多处。唯有姚元标擅长楷书、隶书，专心研究文字训诂的学问，跟从他学习的书法的年轻后生很多。到了北齐末年，掌管典籍文献的官吏所抄写的字体，才比以前好了很多。

原文

　　江南间[①]里间有《画书赋》，乃陶隐居弟子杜道士所为；其人未甚识字，轻为轨则，托名贵师，世俗传信，后生颇为所误也。

注释

①间：里巷，巷子。

译文

　　江南大街小巷里流传有《画书赋》一书，是陶隐居的弟子杜道士撰写的。这个人不认识几个字，却假托名师，还随意地规定字体的法则。世人就以讹传讹，信以为真，真是误人子弟。

原文

　　画绘之工，亦为妙矣；自古名士，多或能之。吾家尝有梁元帝手画蝉雀白团扇及马图，亦难及也。武烈太子偏能写真①，坐上宾客，随宜点染②，即成数人，以问童孺，皆知姓名矣。萧贲、刘孝先、刘灵，并文学已外，复佳此法。玩阅古今，特可宝爱。若官未通显，每被公私使令，亦为猥役③。吴县顾士端出身湘东王国侍郎，后为镇南府刑狱参军，有子曰庭，西朝中书舍人，父子并有琴书之艺，尤妙丹青，常被元帝所使，每怀羞恨。彭城刘岳，橐之子也，仕为骠骑府管记、平氏县令，才学快士，而画绝伦。后随武陵王入蜀，下牢之败，遂为陆护军画支江寺壁，与诸工巧④杂处。向使⑤三贤都不晓画，直运素业，岂见此耻乎？

注释

①写真：画人像。
②点染：点笔染色。
③猥役：杂役。
④工巧：工匠等手工艺人。
⑤向使：假使，假如。

译文

　　擅长绘画工艺，也是很奇妙的一件事，自古以来的名士，大多都有这本领。我家就曾存有梁元帝亲手画的蝉雀白团扇和马图，他的画技也是一般人难以达到的水平。梁元帝的长子萧方等尤其善于画人物写真，他画在座的宾客，只要用笔随意点染，就能画出几位形象逼真的人物。拿了画像去问小孩，小孩都能指出画中人物的姓名。还有萧贲、刘孝先、刘灵，除了精通文章学术，也擅长绘画。赏玩古今名画，确实让人爱不释手。但是如果作画的人官位不显贵，那么他就会常常被公家或私人使唤，作画也就成了一种苦差事。吴县顾士端最初为湘东王国的侍郎，后来任镇南府刑狱参军，他有个儿子名叫顾庭，是梁元帝时的中书舍人，父子俩都通晓琴棋书画，尤其精通绘画，因此经常被梁元帝使唤，他们也常因此感到羞愧悔恨。彭城有位刘岳，是刘橐的儿子，担任过骠骑府管记、平氏县令，很有才华，为人爽快，绘画技艺极高超，后来跟随武陵王到蜀地，下牢关战败后，他被陆护军弄到支江的寺院里去画壁画，和那些工匠杂处在一起。倘若这三位贤能的人当初都不会绘画，一直只致力于清闲高雅的事业，怎么会遭受这样的耻辱呢？

原文

　　弧矢之利，以威天下，先王[1]所以观德择贤，亦济身之急务也。江南谓世之常射，以为"兵射"，冠冕儒生，多不习此。别有"博射"，弱弓长箭，施于准的[2]，揖让升降，以行礼焉。防御寇难，了无所益。乱离之后，此术遂亡。河北文士，率晓兵射，非直葛洪一箭，已解追兵，三九宴集，常縻荣赐。虽然要轻禽[3]，截狡兽，不愿汝辈为之。

注释

①先王：通常用来指尧、舜、禹、商汤、周文王等有德行的贤王。
②准的：准心。
③要：通"邀"，拦截。轻禽：轻飞的禽鸟。

译文

　　弓箭的锋利，可以威震天下，古代的帝王以射箭来考察人的德行，选拔贤才，同时，学会射箭也是保全性命的第一要事。江南的人将世上常见的射箭，看成是武夫的射箭，叫作"兵射"，因此出身仕宦之家的儒雅书生都不肯学习射箭。还有一种比赛用的射箭，叫作"博射"，弓的力量很弱，箭身很长，射向箭靶，宾主相见，温文尔雅，作揖相让，以此表达礼节。这种射箭对于防御敌寇，解救危难一点作用没有。经过了战乱之后，这种"博射"就看不到了。北方的文士，大多通晓"兵射"，不仅是葛洪能用箭来追杀贼

寇，而且在三公九卿宴会上，常常赏赐射箭的胜利者。尽管射箭关系到赏赐与荣耀，但是，用射箭去猎获飞禽走兽，我还是不愿意你们去干这种事情。

原文

卜筮①者，圣人之业也；但近世无复佳师，多不能中。古者，卜以决疑，今人生疑于卜，何者？守道信谋，欲行一事，卜得恶卦，反令怵怵②，此之谓乎！且十中六七，以为上手③，粗知大意，又不委曲④。凡射奇偶，自然半收，何足赖也。世传云："解阴阳者，为鬼所嫉，坎壈⑤贫穷，多不称泰。"吾观近古以来，尤精妙者，唯京房、管辂、郭璞耳，皆无官位，多或罹灾，此言令人益信。傥值世网⑥严密，强负此名，便有违误，亦祸源也。及星文风气，率不劳为之。吾尝学《六壬式》，亦值世间好匠，聚得《龙首》《金匮》《玉轵变》《玉历》十许种书，讨求无验，寻亦悔罢。凡阴阳之术，与天地俱生，亦吉凶德刑⑦，不可不信；但去圣既远，世传术书，皆出流俗，言辞鄙浅，验少妄多。至如反支不行，竟以遇害；归忌寄宿，不免凶终：拘而多忌，亦无益也。

注释

①卜筮：指用龟甲、筮草等工具预测某事。
②怵怵（chì）：忧惧不安的样子。
③上手：上等手艺。
④委曲：这里是详尽的意思。
⑤坎壈（kǎn lǎn）：困顿，不顺利。
⑥世网：比喻社会上法律礼教、伦理道德对人的束缚。
⑦德刑：恩泽与处罚。

译文

卜筮，是圣人从事的职业；只是近代再也没有出现过高明的巫师，占卜并不灵验。古时候，用占卜来解疑，而如今的人却对占卜产生了怀疑，是什么原因呢？凡是恪守道义，坚定自己意志的人，当他打算去办一件事，可是占卜时却占卜到了恶卦，于是他恐惧不安，疑虑生于卜也许就是这个意思。而且，现在的巫师占卜十次，其中有六七次应验，就认为是占卜的高手，实际上对占卜只是略知皮毛，并不精通。这就好比是猜奇偶正负，自然会有猜中一半的概率，这又怎么能让人信服呢？世人传说："懂阴阳占卜的人，被鬼神嫉妒，一生坎坷困顿，多不太平。"我看近古以来，精通占卜的也就只有京房、管辂、郭璞三人了。这三个人均未有官职，而且遭遇了很多祸患，于是这个传言就更让世人相信了。如果正好赶上世间法网严密，勉强地背负着占卜的名声，就会受到拖

累，这也是祸根啊。至于看天文、观星象、测气候之类的事，一概不要去为此劳心。我曾读过《六壬式》，也曾遇过占卜高手，收集了《龙首》《金匮》《玉軨变》《玉历》等十几种占卜的书籍，探研之后发现书中所说并不应验，于是便开始后悔，最终放弃了。大多数阴阳占卜之术，与天地同生，它预示人间的吉凶福祸、施加恩泽与惩罚，是不能不信的；只是由于今天离圣人的年代太久远了，再加上世上流传占卜的书，大都出于凡俗平庸之手，言辞浅薄粗鄙，很少应验，多为妄说之词。以至于有人在反支日不敢远行，但依旧遇害；有人在归忌日寄居在外，还是没有逃过祸害。拘泥于此类说法而处处忌讳，也没有什么益处。

原文

> 算术亦是六艺①要事，自古儒士论天道，定律历者，旨学通之。然可以兼明，不可以专业。江南此学殊少，唯范阳祖暅精之，位至南康太守。河北多晓此术。

注释

①六艺：礼、乐、射、御、书、数，先秦时期教育的主要内容，要求学生掌握的六种技能。

译文

算术也是六艺中重要的一项，自古以来的读书人谈论天文，推定历法，都要通晓算术。然而，在学习其他知识之后，有余力再去学算术，不要专门去研究它。江南通晓算术的人不多，只有范阳的祖暅精通它，他官至南康太守，北方有很多通晓这种学问的人。

原文

> 医方之事，取妙极难，不劝汝曹以自命也。微解药性，小小和合，居家得以救急，亦为胜事，皇甫谧、殷仲堪则其人也。

译文

医学方面，要达到高水准极为困难，我不鼓励你们看病作为自己的专职。略微了解一些药物的性能，稍微懂得如何配药，居家过日子时能够用来救急，也就可以了。皇甫谧、殷仲堪就是这样的人。

原文

　　《礼》^①曰："君子无故不彻^②琴瑟。"古来名士，多所爱好。洎于梁初，衣冠子孙，不知琴者，号有所阙^③；大同以末，斯风顿尽。然而此乐愔愔雅致，有深味哉！今世曲解^④，虽变于古，犹足以畅神情也。唯不可令有称誉，见役勋贵，处之下坐，以取残杯冷炙之辱。戴安道犹遭之，况尔曹乎！

注释

①礼：指《礼记》。
②彻：通"撤"，撤掉，撤去。
③阙：通"缺"，缺憾，缺失。
④曲解：乐曲的章节。曲：乐曲。解：乐曲的章节。

译文

《礼记》中说："君子无故不撤去琴瑟。"自古以来的名士，大多数人爱好音乐。到了梁朝初期，如果贵族子弟不懂弹琴鼓瑟，就会被认为是一种缺憾；但到大同末年，这种风气逐渐消失。然而音乐和谐美妙，非常雅致，的确意味无穷！现在所流行的琴曲歌词，尽管经过演变而与古代有了很大的差别，但是还是使人听了神情舒畅。只是不要以擅长音乐闻名，不然就会被达官贵人所役使，身居下座为人演奏，以讨得残羹剩饭，备受屈辱。连戴安道这样的人都遭遇过这样的事情，何况你们呢？

原文

《家语》曰："君子不博①，为其兼行恶道故也。"《论语》云："不有博弈者乎？为之，犹贤乎已。"然则圣人不用博弈为教，但以学者不可常精，有时疲倦，则侻为之，犹胜饱食昏睡，兀然②端坐耳。至如吴太子以为无益，命韦昭论之；王肃、葛洪、陶侃之徒，不许目观手执，此并勤笃之志也。能尔为佳。古为大博则六箸，小博则二茕③，今无晓者。比世所行，一茕十二棋，数术浅短，不足可玩。围棋有手谈、坐隐④之目，颇为雅戏；但令人耽愦⑤，废丧实多，不可常也。

杂艺第十九

注释

①博：博戏，又叫局戏，古代一种具有赌博色彩的游戏。
②兀（wù）然：茫然无知的样子。
③箸：博戏时所用竹棍。茕：博戏时所用骰子。
④手谈、坐隐：均为下围棋的别称。
⑤耽愦：沉迷，沉溺。

译文

《孔子家语》说："君子不玩赌博类的游戏，是因为这种游戏会使人步入邪道。"《论语》说："不是有弈棋的游戏吗？学点这个，也总比闲着好！"话虽这样说，但圣人并不把这些作为教育的内容，只是读书时不能长时间的集中精力，偶尔疲倦了，就玩一玩放松一下，这样总比一吃饱就昏睡或呆坐在那里要强些。至于像吴太子认为这些毫无益处，因此命令韦昭写文章抨击博弈；像王肃、葛洪、陶侃那样，不准学生们看，更不许碰，这大概是为了鞭策和坚定他们的志向吧。能做到这样当然更好了。古时候进行大规模博戏时就用六根竹筷，小规模时就用两个骰子，只是现在已经没有精通这种玩法的人了。今天所盛行的，只是一个骰子十二个棋子，路数方法简单乏味，不值得一玩。围棋有"手谈""坐隐"的名称，的确算得上是一种高雅的游戏；但它如果沉迷其中而无法自拔，就会荒废许多正事，所以这也不能常玩。

原文

> 投壶①之礼，近世愈精。古者，实以小豆，为其矢之跃也。今则唯欲其骁，益多益喜，乃有倚竿、带剑、狼壶、豹尾、龙首之名。其尤妙者，有莲花骁。汝南周璚，弘正之子，会稽贺徽，贺革之子，并能一箭四十余骁。贺又尝为小障，置壶其外，隔障投之，无所失也。至邺以来，亦见广宁、兰陵诸王，有此校具②，举国遂无投得一骁者。弹棋亦近世雅戏，消愁释③愤，时可为之。

注释

①投壶：古代士大夫宴饮时做的一种投掷游戏。把箭向壶里投，多中者为胜，负方饮酒作罚。

②校具：这里指投壶时设的屏风。

③释：消除，解除。

译文

投壶这种游戏，近来就更加精妙了。古时候投壶，先往壶中装入小豆，以防止箭矢反跳出来。而现在投壶，却要故意使投进的箭矢能弹跳出来，并且弹跳出来的次数越多越高兴，于是便有了倚竿、带剑、狼壶、豹尾、龙首等名目。其中最精彩的要数莲花骁了。汝南人周贵，是周弘正的儿子；会稽人贺徽，是贺革的儿子，他们都能让一个箭矢跳弹出四十个来回。贺徽还曾设了小屏风，将壶放在屏风外面，隔着屏风投壶，百发百中。我到了邺都以后，也见到广宁王、兰陵王等王公贵族有投壶的器具，全国没有一个人能投得弹跳回来。弹棋在近代也是一项高雅的游戏，能够消愁解闷，偶尔玩一下还是可以的。

典故品读

龙叔问疾

传说春秋时期，有一位道家学者，名叫龙叔。他有一天去请教宋国名医文挚。

龙叔说："我的家乡有了好名声，我也不以此感到荣幸；我的国家遭到恶名，我也不以此感到羞耻；我得到宝贝不觉得喜悦，我丢失东西也不以为值得忧愁；我虽活着却觉得与死了一样；虽然很富裕却与贫穷没有区别；我看人与禽兽相差无几；我看自己的家也和旅店一样，我觉得故乡也好像遥远的蛮夷之国一般……我患的这些病症，用官位和俸禄不能引诱我，用刑罚也不能逼迫我，利害得失不能改变我，哀伤和欢乐也不能触动我。正因为我患有这些严重的疾病，所以我不能去做臣子而侍奉国君，也不能与朋友亲密地交往，甚至和自己的妻子、家人、奴仆也不能正常地相处……我这些奇怪的疾病，您能医治吗？"

文挚仔细地观察龙叔的面颊，琢磨他的心理。过了一会儿，说："请您面向我，背朝窗子亮处站着，我来看看您的心就知道病在哪里了。"

龙叔按他的吩咐站在窗前，文挚看了看龙叔的前胸，忽然惊喜地叫道："我看到你的心了，方寸之地已经空虚啦！你可以称得上圣人了，你是把圣人智慧当成疾病，这可不是我这样的医生所能治疗的呀！你已经懂得了长生之道，将来即使你寿终，灵魂也不会死了……"

原来，文挚听了龙叔的自述，知道他讲的全是道家的养生、修身之法，所以和他开了一个玩笑，假称见到了他的心，然后说些道家信奉的死而不亡的话来安慰龙叔。

四海之内皆兄弟

孔子有一个弟子，名叫司马牛。有一天，司马牛请教孔子："先生，弟子如何去学习做一个君子呢？"孔子告诉他说："君子不忧愁，不恐惧。"司马牛不明白这句话的意思，忙问："君子为什么不忧愁、不恐惧呢？"孔子说："君子做事堂堂正正的，从来都是问心无愧，怎么还会有什么忧愁和恐惧呢？"

司马牛辞别孔子后，见到了孔子的另一位弟子子夏。他心事重重地对子夏说："人家都有兄弟，和和睦睦，多快乐呀，只有我没有弟兄，唉，孤苦伶仃……"子夏见司马牛唉声叹气的样子，觉得他挺可怜的，就安慰他说："没有必要为这些事伤心难过呀，死和生都是由命运安排的，贫和富也是命中注定的，更何况兄弟姊妹了？君子只应该对工作认真谨慎，不出差错，对别人恭敬有礼，说话诚实守信，行为合乎礼仪，那么普天之下就到处会有好兄弟的，君子何必犯愁自己没有亲兄弟呢？"

终 制 第 二 十

原文

　　死者，人之常分①，不可免也。吾年十九，值梁家②丧乱，其间与白刃为伍者，亦常数辈；幸承余福，得至于今。古人云："五十不为夭③。"吾已六十余，故心坦然，不以残年④为念。先有风气之疾，常疑奄然⑤，聊书素怀，以为汝诫。

注释

①常分：命里注定的事，不可避免的事。
②梁家：南朝梁武帝死于侯景之乱，导致南方大乱。
③夭：本指未成年死去，这里指短命。
④残年：人将尽的岁月。指晚年。
⑤奄然：奄忽，死亡。

译文

　　死亡，对于每个人来说是命中注定要发生的事。我十九岁的时候，遇上梁朝发生兵乱，当时天天与刀剑相伴；幸而受到祖上的庇佑，得以活到今天。古人说："活到五十岁死亡，不算短命。"现今，我已六十多岁了，所以心里坦荡，不顾虑自己还有多少年。我先前患过风气病，常常疑心会突然死去，姑且先写下我平时的一些想法，作为对你们的警告。

原文

先君先夫人①皆未还建邺旧山，旅葬②江陵东郭。承圣末，已启求扬都，欲营迁厝③。蒙诏赐银百两，已于扬州小郊北地烧砖，便值本朝沦没，流离如此，数十年间，绝于还望。今虽混一④，家道罄⑤穷，何由办此奉营资费？且扬都污毁，无复孑遗，还被下湿，未为得计。自咎自责，贯心刻髓。计吾兄弟，不当仕进；但以门衰，骨肉单弱，五服之内，傍无一人，播越他乡，无复资荫；使汝等沉沦厮役，以为先世之耻；故腆冒⑥人间，不敢坠失⑦。兼以北方政教严切，全无隐退者故也。

注释

①先君先夫人：指颜之推已死去的父母。

②旅葬：葬在外地。

③迁厝（cuò）：迁葬。

④混一：统一。

⑤罄：空，尽。

⑥腆冒：忍辱冒昧。

⑦坠失：放弃，废弛。

译文

我亡父亡母的灵柩都没有归葬到建邺的祖坟里，暂时客葬在江陵的东郭。承圣末年，我已向朝廷提出请求，想设法迁葬。承蒙皇上下诏，赐给我百两银子，我已在扬州近郊北边一块狭小的地方烧制墓砖。但这时却赶上梁朝覆没，我流离失所到了这里。几十年来，对迁葬父母还归故土的想法已经不抱什么希望了。现在，国家虽然统一了，可我的钱财却用完了，哪里还有什么能力支付迁葬的费用呢？况且，扬州城已经被毁弃，家里也没有亲人了，将亡父亡母的灵柩葬在低洼潮湿的地方去，也不是什么好办法。我内心自怨自责，刻骨铭心。想来我们兄弟，不应当走仕途之路，仅仅因为门庭衰落，骨肉至亲孤单弱小，亲戚之中，没有一个人可以依托，加上流落他乡，没有门第的荫庇；如果你们沦落为奴仆，这就成了祖上的耻辱；因此我含辱忍耻地生活在人间，不敢辞官隐退。加上北朝的政教非常严厉，完全没有隐退的官员，这也是我不便隐居的缘故。

原文

今年老疾侵，傥然奄忽①，岂求备礼乎？一日放臂，沐浴而已，不劳复魄，殓②以常衣。先夫人弃背③之时，属世荒馑，家涂空迫，兄弟幼弱，棺器率薄，藏^④内无砖。吾当松棺二寸，衣帽已外，一不得自随，床上唯施七星板；至如蜡弩牙、玉豚、锡人之属，并须停省，粮罂^⑤明器，故不得营，碑志旒旐^⑥，弥在言外。载以鳖甲车，衬土而下，平地无坟；若惧拜扫不知兆域^⑦，当筑一堵低墙于左右前后，随为私记耳。灵筵勿设枕几，朔望祥禫，唯下白粥清水干枣，不得有酒肉饼果之祭。亲友来馈酹^⑧者，一皆拒之。汝曹若违吾心，有加先妣，则陷父不孝，在汝安乎？其内典功德，随力所至，勿刳竭生资，使冻馁^⑨也。四时祭祀，周、孔所教，欲人勿死其亲，不忘孝道也。求诸内典，则无益焉。杀生为之，翻增罪累。若报罔极之德，霜露之悲，有时斋供，及七月半盂兰盆，望于汝也。

注释

①奄忽：死亡。
②殓（liàn）：给死者穿衣入棺。
③弃背：指去世。
④藏：墓穴、坟墓。
⑤粮罂：盛粮的陶器，大肚小口，古代墓葬用为明器。
⑥旒旐（liú zhào）：指铭旌，出殡时灵柩前的幡旗。
⑦兆域：墓地四周的疆界，亦称墓地。
⑧酹（lèi）：以酒浇地，表示祭奠。
⑨冻馁：寒冷与饥饿。

译文

我现在年纪大了且疾病缠身，倘若突然死去，是不是会要求你们对我礼仪周备呢？哪一天我死了，只要求为我沐浴遗体而已，不劳你们举行招魂的仪式，身上只需穿着普通的衣服入殓。你们的祖母去世的时候，正碰上闹饥荒，家庭境况空乏窘迫，我们几兄弟都还年幼单弱，因此，你们祖母的棺木就很简朴单薄，墓内连砖也没有一块。埋葬我时只需要备办二寸厚的松木棺材一口，里面除了衣服帽子以外，其他东西一概不要。棺材底部只需放一块七星板。至于像蜡驽牙、玉豚、锡人这类随葬品，都应该一律不用。粮罂等明器，不要去料理，更不用提碑志铭旌了。棺材用灵车运载，墓底用土衬垫就可下葬，墓顶和地面平齐，不要垒坟。如果你们担心拜祭扫坟时不知道墓地的界线，就要在墓地的四周修筑一堵低墙，作为标记。灵床上不要设置枕几，每逢朔日、望日、祥禫祭奠，只需用白粥、清水、干枣等物，不许用酒肉饼果作祭品。亲友们来奠祭的，要一概谢绝。你们如果违反了我的心愿，把我的丧礼规格置于你们祖母之上，那就是把我陷于不孝的境地，你们能够心安吗？至于念佛诵经等佛教功德，可量力而行，不要因此而耗尽资财，使你们遭受饥寒之苦。一年四季对先辈行祭祀之礼，这是周公、孔子所教于我们的，是希望人们不要忘记他们死去的亲人，不要忘记孝道。按照佛经的说法，这些都没有必要。靠杀生来进行祭祀活动，反而会增加我的罪孽。如果你们要报答父母的养育之恩，抒发对亲人的思念之情，除了适时供奉斋品外，每年七月十五的盂兰盆节，我也希望你们能来为我扫墓。

原文

> 孔子之葬亲也，云："古者，墓而不坟。丘东西南北之人①也，不可以弗识也。"于是封之崇四尺。然则君子应世行道，亦有不守坟墓之时，况为事际②所逼也！吾今羁旅，身若浮云，竟未知何乡是吾葬地；唯当气绝便埋之耳。汝曹宜以传业扬名为务，不可顾恋朽壤③，以取埋没④也。

注释

①东西南北之人：指到处漂泊，居无定所的人。
②事际：情势。
③朽壤：腐土，此指坟墓。
④埋（yān）没：埋没。

译文

孔子安葬亲人时，说："古人只建墓而不堆坟。但我孔丘是个四处漂泊的人，墓上不能没有标志。"于是，堆了一座四尺高的坟堆。这样看来，君子处世行道，也有不能守着坟墓的时候，何况为形势所逼迫呢！我现在是羁旅之人，像浮云一样飘荡不定，至今也不知道何方乡土才是我的葬身之地；我断气后随地埋了就可以了。你们应以承传家业、播扬名声为要务，千万不要顾念埋葬先人的腐土，以致埋没了自己的前程。

典故品读

结草衔环

晋国魏武子经常嘱咐儿子魏颗，命魏颗在他死后，把一个没有生过儿女的爱妾嫁给别人。到了魏武子病重时，又再嘱咐魏颗，要让那爱妾陪葬。后来魏武子死了，魏颗认为父亲在病危时的嘱咐是不清醒时的胡言乱语，就根据魏武子病重前的嘱咐，把魏武子的爱妾嫁出去了。

后来，魏颗领兵和秦国打仗，秦国军队勇猛无比，两军正在胜负难分之际，魏颗看见战场上有一个老人，把地上的草都打成结，缠着秦国战马的脚，使秦军的兵将纷纷坠地，魏颗因此大获全胜，并抓获了秦军的勇将杜回。

当晚，魏颗梦见那位在战场上结草的老人，自称是出嫁妾的父亲，他非常感激魏颗救了他女儿，因此在战场上结草，帮助魏颗打了一场胜仗。

衣不解带

殷仲堪是晋代陈郡人，出身于官宦人家。殷仲堪自幼聪颖好学，对《道德经》一书倒背如流，他家的人说，殷仲堪只要三天不读《道德经》，便会觉得口舌僵硬，不能自如。此事作为奇闻流传各地。镇守京口的大将军谢玄十分器重殷仲堪，请他做官，被拒绝了。在给谢玄的信中，殷仲堪情真意切地诉说了战争给百姓带来的骨肉离散之痛，希冀上面能以仁义来遍布天下。只有"边界无贪小利，强弱不得相凌"，才能不愁"黄河之不济，函谷之不开"。谢玄阅后十分感动，越发敬重他，并采纳了他的谏言，殷仲堪终于答应担任晋陵太守的职务。

上任以后，殷仲堪严令整饬当地风气，因此，晋陵尊老爱幼蔚然成风，并以礼义之乡著称。

过了一段时间，殷仲堪的父亲得了一种怪病：一点点细微的声音都被他听成巨响，身体渐渐衰弱，以致一病不起，四处求医无效。殷仲堪万分焦急，于是决定亲自攻习医学，夜以继日地研究其精妙。为治疗父亲的病，几年来他衣不解带；伺候父亲吃药，他常常一面拿着药一面流眼泪，就这样，他的一只眼睛失明了。殷仲堪的孝名也因此传扬天下。殷仲堪的父亲死后，孝武帝召他为太子中庶子。